航空运输类专业系列教材

U0756621

民航危险品运输

石月红 王 东 主 编

郝 飞 李 超 副主编

电子工业出版社

Publishing House of Electronics Industry

北京·BEIJING

内 容 简 介

本书以航空运输中危险品的运输流程为主线，系统地介绍了危险品的分类、识别、包装、标记和标签、运输文件、存储及装载、事故处理等内容。同时还介绍了航空运输中的法律法规、隐含的危险品及放射性物质的运输。本书结合航空运输生产实际，以实际操作为基础，举例说明相关知识点，并配有适量的自我检测题，使读者在学习理论知识的同时也能提高解决实际问题的能力。

本书可作为高等院校、职业院校民航运输、物流管理、空中乘务等专业的教材，也可作为民航企业客运、货运、安检、乘务等岗位的培训用书，同时对化工企业从事危险品安全管理及操作的人员也具有一定的参考价值。

图书在版编目（CIP）数据

民航危险品运输 / 石月红，王东主编．—北京：电子工业出版社，2019.4（2023.6重印）

ISBN 978-7-121-35558-5

Ⅰ．①民…　Ⅱ．①石…　②王…　Ⅲ．①民用航空—危险货物运输—高等学校—教材　Ⅳ．①V353

中国版本图书馆 CIP 数据核字（2018）第 260319 号

策划编辑：李　静
责任编辑：李　静
印　　刷：三河市华成印务有限公司
装　　订：三河市华成印务有限公司
出版发行：电子工业出版社
　　　　　北京市海淀区万寿路 173 信箱　邮编　100036
开　　本：787×1 092　1/16　印张：13.25　字数：339.2 千字
版　　次：2019 年 4 月第 1 版
印　　次：2023 年 6 月第 12 次印刷
定　　价：43.00 元

凡所购买电子工业出版社图书有缺损问题，请向购买书店调换。若书店售缺，请与本社发行部联系，联系及邮购电话：（010）88254888，88258888。

质量投诉请发邮件至 zlts@phei.com.cn，盗版侵权举报请发邮件至 dbqq@phei.com.cn。

本书咨询联系方式：（010）88254604，lijing@phei.com.cn。

航空运输类专业系列教材
建设委员会

主任委员

马广岭（海航集团）

马　剑（北京临空国际技术研究院）

杨涵涛（三亚航空旅游职业学院）

李宗凌（奥凯航空有限公司）

李爱青（中国航空运输协会）

李殿春（香港快运航空公司）

吴三民（郑州中原国际航空控股发展有限公司）

宋庆华（国际航空运输协会）

迟　焰（北京航空航天大学）

张武安（春秋航空股份有限公司）

张宝林（西安交通大学）

陈　燕（中国航空运输协会）

耿进友（北京外航服务公司）

黄　伟（重庆机场集团）

綦　琦（广州民航职业技术学院）

副主任委员

| 王　帅 | 江洪湖 | 汤　黎 | 陈　卓 | 何　梅 |
| 罗良翌 | 赵晓硕 | 赵淑桐 | 廖正非 | 熊盛新 |

委　员

马晓虹	马爱聪	王　东	王　春	王　珺	王　蓓	王冉冉	王仙萌	王若竹
王远梅	王慧然	方凤玲	邓娟娟	孔庆棠	石月红	白冰如	宁　红	邢　蕾
先梦瑜	刘　科	刘　琴	刘　舒	刘连勋	刘晓婷	许　赟	许夏鑫	江　群
范　晔	杜　鹤	杨　敏	杨青云	杨祖高	杨振秋	李广春	吴甜甜	吴啸骅
何　蕾	汪小玲	张　进	张　琳	张　敬	张桂兰	陆　蓉	陈李静	陈晓燕
金　恒	金良奎	周科慧	庞　荣	郑菲菲	赵　艳	郝建萍	胡元群	胡成富
冒耀祺	鸥志鹏	钟波兰	姜　兰	拜明星	姚虹华	姚慧敏	夏　爽	党　杰
徐　竹	徐月芳	徐婷婷	高文霞	郭　凤	郭　宇	郭　沙	郭　婕	郭珍梅
郭素婷	郭雅荫	郭慧卿	唐红光	曹义莲	曹建华	崔学民	黄　山	黄华俊
黄华勇	章　健	韩奋畴	韩海云	程秀全	傅志红	焦红卫	湛　明	黄　温
谢　芳	谢　苏	路　荣	谭卫娟	熊　忠	潘长宏	霍连才	魏亚波	

总策划　江洪湖

协助建设单位

国际航空运输协会	长沙南方职业学院	武汉东湖光电学校
春秋航空股份有限公司	长沙商贸旅游职业技术学院	闽西职业技术学院
奥凯航空有限公司	长沙民政学院	黄冈职业技术学院
香港快运航空公司	南京航空航天大学	衡水职业技术学院
重庆机场集团	浙江旅游职业学院	山东海事职业学院
北京外航服务公司	潍坊工程职业学院	安徽建工技师学院
北京临空国际技术研究院	江苏工程职业技术学院	安徽国防科技职业学院
郑州中原国际航空控股发展	江苏安全技术职业学院	惠州市财经职业技术学院
有限公司	湖南生物机电职业技术学院	黑龙江能源职业学院
杭州开元书局有限公司	河南交通职业技术学院	北京经济技术管理学院
三亚航空旅游职业学院	浙江交通职业技术学院	四川文化传媒职业学院
广州民航职业技术学院	新疆天山职业技术学院	济宁职业技术学院
浙江育英职业技术学院	正德职业技术学院	泉州海洋职业学院
西安航空职业技术学院	山东外贸职业学院	辽源职业技术学院
武汉职业技术学院	山东轻工职业学院	江海职业技术学院
武汉城市职业学院	三峡旅游职业技术学院	云南经济管理学院
江西青年职业学院	郑州大学	江苏航空职业技术学院
长沙航空职业技术学院	滨州学院	山东德州科技职业学院
成都航空职业技术学院	九江学院	河南工业贸易职业学院
上海民航职业技术学院	安阳学院	兰州航空工业职工大学
南京旅游职业学院	河南工学院	四川交通职业技术学院
西安交通大学	中国石油大学	烟台工程职业技术学院
三峡航空学院	厦门南洋学院	重庆第二师范学院
西安航空学院	广州市交通技师学院	南阳师范学院
北京理工大学	吉林经济管理干部学院	成都文理学院
北京城市学院	石家庄工程职业学院	郑州工商学院
烟台南山学院	陕西青年职业学院	云南旅游职业学院
青岛工学院	廊坊职业技术学院	武汉外语外事职业学院
西安航空职工大学	廊坊燕京职业技术学院	德阳川江职业学校
南通科技职业学院	秦皇岛职业技术学院	武汉外语外事职业学院
中国民航管理干部学院	广州珠江职业技术学院	湖北交通职业技术学院
郑州航空工业管理学院	广州涉外经济职业技术学院	

《民航危险品运输》
编委会

主　编　石月红　王　东

副主编　郝　飞　李　超

参　编　杨　磊　戚久红　王云佩　李　伟

前言

伴随着化工产品进出口贸易的发展，民航危险品运输的需求也在日益增长。危险品通常具有易燃、易爆、毒性、腐蚀性、传染性或放射性等特性。安全运输危险品对航空运输行业安全管理及民航专业人才培养提出了更高的要求。

改革开放以来，我国民航业快速发展，行业规模不断扩大，民航专业人才需求不断增加。为提高民航危险品从业人员素质，规范民航危险品运输，结合中国民用航空局（以下简称民航局）对危险品的培训要求，使从业人员系统地掌握航空运输危险品的知识，富有教学经验的教师和企业人员共同编写了本书。

本书按照国际民用航空组织有关危险品训练要求编写，结合民航局《中国民用航空危险品运输管理规定》，全面系统地讲述民航危险品运输的理论知识。同时，采用案例导入、实战模拟和情境训练的辅助手段，有效地将理论与实践紧密结合、概念描述与情境业务合理匹配。本书适合高等院校、高等职业院校民航运输类专业的学生使用。

本书具体编写情况如下：王东负责编写第一章至第三章、第十一章，石月红负责编写第四章至第十章，同时参与编写工作的还有南方航空公司郝飞、海南航空公司戚久红、新疆机场集团杨磊、三亚航空旅游职业学院李超、王云佩与李伟等。

本书在编写过程中参考了国际航空运输协会颁布的《危险品规则》、海南航空公司及南方航空公司的危险品手册，以及马丽珠、白燕等前辈编写的教材，并得到了中国国际货运航空公司、海南航空公司、南方航空公司等具有较高理论素养和丰富实践经验的专家的指导，以及电子工业出版社有限公司、三亚航空旅游职业学院的领导和同仁的大力支持，在此一并致谢！

如有老师需要教学资源，请和作者联系，QQ228651816（邮箱：228651816@qq.com）。

民航危险品运输具有更新快、变化大等特点，本书在日后会不断修订，使相关内容日益完善。由于编者水平有限，书中难免存在疏漏和不足之处，恳请读者批评指正。

编　者
2019 年 2 月

目录

第一章　民航危险品运输基础知识

引　言

提到危险品，想必很多人并不陌生，那么你知道如果使用民航飞机运输危险品需要遵守哪些规章、满足哪些条件吗？假如不遵守这些规定会导致什么样的后果呢？

1996 年 5 月 11 日，美国 ValuJet 航空公司一架从迈阿密飞往亚特兰大的 DC—9 客机，起飞 10 分钟后坠毁于佛罗里达附近的沼泽地里，机上 105 名乘客和 5 名机组人员全部遇难。

事故调查显示：货舱内有 119 个隐瞒申报的危险品"氧气发生器"和 2 个 DC—9 飞机轮胎，该"氧气发生器"放置不当，起飞后由于颠簸而升温爆炸并引起火灾。事故处理：2000 年 8 月，美国联邦法官做出判决，要求 Sabre 科技维修公司（托运人）对此事故赔偿 1100 万美元。

通过以上案例可以看出，危险品航空运输风险高、事故危害严重，一旦发生不安全事故会直接危及财产、安全、环境，甚至生命。但由于民航业所承担的社会责任和商业需求，以及为了满足飞机适航性和运营要求，民航飞机上的危险品是必然存在的。那么安全空运危险品的先决条件究竟是什么呢？这就是本章重点要讲述的内容。

本章我们将学习以下知识。

（1）指导、管理民航危险品运输的相关法律、法规。

（2）托运人、经营人及代理人的责任。

（3）针对危险品运输相关人员的培训。

危险品是指能危害健康、危及安全、造成财产损失或环境污染，且在 IATA[①]颁布的《危险品规则》的危险品表中列明，或依据《危险品规则》归类的物品或物质。

---

① IATA 为国际航空运输协会的英文缩写，其英文全称为 International Air Transport Association。

第一节　民航危险品运输的法律依据

一、国际法律、法规

1.《危险品运输建议书——规章范本》（橙皮书）

联合国危险品运输专家委员会根据技术发展情况，新物质和新材料的出现及现代运输系统的要求，特别是确保人员、财产和环境安全的需要编写了《危险品运输建议书——规章范本》（Recommendations on the Transport of Dangerous Goods，简称《规章范本》）。由于规章的封面是橘黄色的，故又称为橙皮书或橘皮书。

橙皮书对于非放射性危险品的运输制定了建议性规则，包括分类原则和各类别、项别的定义、危险品表、一般包装要求、试验程序、标记、标签和运输文件，是各个国家及国际运输规章的基础。

2.《放射性物质安全运输规则》

国际原子能机构（IAEA）对于放射性物质运输制定了建议性规则——《放射性物质安全运输规则》（Regulations for the Safe Transport of Radioactive Material）。此规则规定了与放射性物质运输有关的安全要求，包括包装的设计、制造和维护，也包括货包的准备、托运、装卸、运载及货包最终目的地的验收。

以上两部建议性规则适用于公路、水路、铁路，以及航空多种运输方式。

3．国际民航组织制订的法律规定

（1）国际民航组织（ICAO）在上述建议的基础上制定了使用各种类型的飞机安全运输（包括内部运输和外部运输）危险品的规则，并将这些规则编入了《国际民用航空公约》附件 18，即《危险品的安全航空运输》（Convention on International Civil Aviation—the Safe Transport of Dangerous Goods by Air，简称附件 18）。它是一个全球性的危险品航空运输法规，各缔约国可在此基础上制定适合本国情况的更加严格的法律、法规。

（2）附件 18 是纲领性文件，《危险品安全航空运输技术细则》（Technical Instruction for the Safe Transport of Dangerous Goods by Air）是国际民航组织用以管理民航危险品运输的更为具体、系统的国际规定，简称《技术细则》或 TI，于 1983 年 1 月 1 日生效，每两年更新一版。

附件 18 和 TI 均是《国际民用航空公约》的组成部分，是各国空运危险品需要遵守的法律规定。

（3）ICAO 发行的《与危险品有关的航空器事件的应急响应指南》为机组人员提供了危险品应急处置指导，又称为红皮书。

4．国际航空运输协会制定的规则

国际航空运输协会（IATA）在 ICAO－TI 的基础上制定了《危险品规则》（Dangerous Goods Regulations，简称 DGR）。该规则不仅包括了技术细则的所有要求，同时，基于运营和行业标准实践方面的考虑，在内容中增加了比技术细则更严格的规定要求。《危险品规则》每年更新发布一次，新版本于每年的 1 月 1 日生效。

由于《危险品规则》使用方便、可操作性强，因此在世界航空运输领域中作为操作性文件被广泛使用，同时发行英文、法文、德文、俄文、西班牙文、中文等多种语言版本。

二、国内法律、法规

1．《中华人民共和国民用航空法》

《中华人民共和国民用航空法》第一百零一条规定：公共航空运输企业运输危险品，应当遵守国家有关规定。禁止以非危险品品名托运危险品。禁止旅客随身携带危险品乘坐民用航空器。

2．《民用航空危险品运输管理规定》

为了加强民用航空危险品运输管理，保障飞行安全，中华人民共和国交通运输部颁布了《民用航空危险品运输管理规定》（简称交通运输部令 2016 年第 42 号），以下称为 42 号令。该规定是中国政府危险品航空运输管理的主要法规，于 2016 年 5 月 14 日起施行。

危险品运输的法规与刑法、行政法、合同法和标准化法的法律性质和法律效力同等。在国际运输中，各种运输方式的危险品规则，以及各国的危险品运输法规又具有国际司法的性质和效力。有关危险品运输的法律规定，无论是行政法规还是标准，在运输中都必须严格执行。

三、适用范围

各民航危险品运输法律法规适用范围如下。

（1）IATA《危险品规则》适用范围如下。

① IATA 所有会员与准会员航空公司。

② 所有与 IATA 会员/准会员签订货物联运协议的航空公司。

③ 所有向上述运营人托运危险品的托运人及其代理人。

（2）42 号令适用于在中华人民共和国登记的民用航空器，以及在中华人民共和国境内运行的外国民用航空器。

（3）《危险品手册》适用于运营人及其代理人雇员。

自 我 检 测

1. TI 的中文名称是_____，英文全称是_____，是由_____制定的，_____（时间）更新一版。

2. DGR 的中文名称是_____，英文全称是_____，是由_____制定的，_____（时间）更新一版。

3. IATA《危险品规则》仅适用于所有的 IATA 的会员或准会员航空公司。该说法正确吗？

4. 以下文件属于中国民用航空局制定的是（　　　）。

A．DGR   B．TI

C．CCAR－276－R1（交通运输部令 2016 年第 42 号）　D．红皮书

第二节　危险品运输的责任①

一、托运人的责任

民航危险品运输中托运人的责任主要如下：

（1）托运人应当确保所有办理托运手续和签署危险品运输文件的人员已按 ICAO 颁布的《危险品安全航空运输技术细则》和《民用航空危险品运输管理规定》的要求接受相关危险品知识的培训并合格。

（2）托运人将危险品的包装件或者集合包装件提交航空运输前，应当按照 42 号令和《技术细则》的规定，保证该危险品不是航空运输禁运的危险品，并正确地进行分类、包装、加标记、贴标签、提供真实准确的危险品运输相关文件。托运国家法律、法规限制运输的危险品，应当符合相关法律、法规的要求。

（3）禁止在普通货物中夹带危险品或者将危险品匿报、谎报为普通货物进行托运。

（4）凡将危险品提交航空运输的托运人应当向经营人提供正确填写并签字的危险品运输文件，文件中应当包括《技术细则》所要求的内容，《技术细则》另有规定的除外。

危险品运输文件中应当有经危险品托运人签字的声明，表明该危险品是按照运输专用名称对危险品进行完整、准确地描述的和该危险品是按照《技术细则》的规定进行分类、包装、加标记和贴标签的，并符合航空运输的条件。

---

① 《民用航空危险品运输管理规定》，中华人民共和国交通运输部令 2016 年第 42 号，2016 年 4 月颁布。

必要时，托运人应当提供物品安全数据说明书或者经营人认可的鉴定机构出具的符合航空运输条件的鉴定书。托运人应当确保危险品运输文件、物品安全数据说明书或者鉴定书所列货物与其实际托运的货物保持一致。

（5）国际航空运输时，除始发国要求的文字外，危险品运输文件应当加英文。

（6）托运人必须保留一份危险品运输相关文件至少二十四个月。上述文件包括危险品运输文件、航空货运单，以及42号令和《技术细则》要求的补充资料和文件。

（7）托运人委托的代理人应当按照42号令和《技术细则》的要求接受相关危险品知识的培训并合格。

（8）托运人的代理人代表托运人从事危险品航空运输活动的，适用42号令有关托运人责任的规定。

案　例

2000年3月，BGS接收了大通国际运输公司托运的一票货物，货运单上品名为八羟基喹啉，固体，而实际运输的则是淡黄色、有毒、有腐蚀性的液体草酰氯，此行为属于伪报危险品品名。

该货物在吉隆坡机场发生泄漏，造成5名工人中毒，飞机报废。马航向我国民航总局投诉，并将我国六家公司告上法庭。

2007年12月国内相关网站和报纸刊登了北京市高级人民法院对此案进行判决的报道（图1-1），北京市高级人民法院判决大连化建等公司赔偿5家境外保险公司6506.3万美元。

图1-1　危险品机上泄漏

二、经营人的责任

民航危险品运输中经营人的责任主要如下。

（1）经营人应当在民航地区管理局颁发的危险品航空运输许可所载明的范围和有效期内开展危险品航空运输活动。

（2）经营人应当制定措施防止行李、货物、邮件及供应品中隐含危险品。

（3）经营人接收危险品进行航空运输至少应当符合下列要求。

① 附有完整的危险品运输文件，《技术细则》另有要求的除外。

② 按照《技术细则》规定的接收程序对包装件、集合包装件或者装有危险品的专用货箱进行检查。

③ 确认危险品运输文件的签字人已按 42 号令及《技术细则》的要求培训并合格。

（4）经营人应当制定和使用收运检查单以遵守 42 号令第五十七条、第五十八条的规定。

（5）装有危险品的包装件和集合包装件，以及装有放射性物质的专用货箱应当按照《技术细则》的规定在航空器上装载。

（6）装有危险品的包装件、集合包装件和装有放射性物质的专用货箱在装上航空器或者装入集装器之前，应当检查是否有泄漏和破损的迹象。泄漏或者破损的包装件、集合包装件或者装有放射性物质的专用货箱不得装上航空器。

（7）集装器未经检查并证实其内装的危险品无泄漏或者无破损迹象之前不得装上航空器。

（8）装上航空器的任何危险品包装件出现破损或者泄漏，经营人应当将此包装件从航空器上卸下，或者安排由有关机构从航空器上卸下。在此之后应当保证该托运物的其余部分符合航空运输的条件，并保证其他包装件未受污染。

（9）装有危险品的包装件、集合包装件和装有放射性物质的专用货箱从航空器或者集装器卸下时，应当检查是否有破损或者泄漏的迹象。如发现有破损或者泄漏的迹象，则应当对航空器上装载危险品或者集装器的部位进行破损或者污染的检查。

（10）危险品不得装在航空器驾驶舱或者有旅客乘坐的航空器客舱内，《技术细则》另有规定的除外。

（11）在航空器上发现由于危险品泄漏或者破损造成任何有害污染的，应当立即进行清除。

受到放射性物质污染的航空器应当立即停止使用，在任何可接触表面上的辐射程度和非固着污染超过《技术细则》规定数值的，不得重新使用。

（12）装有可能产生相互危险反应的危险品包装件，不得在航空器上相邻放置或者装在发生泄漏时包装件可产生相互作用的位置上。

毒性物质和感染性物质的包装件应当根据《技术细则》的规定装载在航空器上。

装载在航空器上的放射性物质的包装件，应当按照《技术细则》的规定将其与人员、活动物和未冲洗的胶卷进行分离。

（13）符合 42 号令的危险品装上航空器时，经营人应当保护危险品不受损坏，应当将这些危险品在航空器内加以固定以免在飞行时出现任何移动而改变包装件的指定方向。对装有放射性物质的包装件，应当充分固定以确保在任何时候都符合 42 号令第六十七条第三款规定的分离要求。

（14）贴有"仅限货机"标签的危险品包装件，按照《技术细则》的规定只能装载在货机上。

（15）经营人应当确保危险品的存储符合《技术细则》中有关危险品存储、分离与隔离的要求。

（16）经营人根据 42 号令第五十一条要求托运人提供货物符合航空运输条件的鉴定书的，应当告知托运人其认可的鉴定机构，并确保其所认可的鉴定机构满足民航局关于货物航空运输条件鉴定机构的相关规定，同时将认可的鉴定机构报民航局备案。

自收到备案申请之日起二十日内，民航局应当将鉴定机构予以备案，并对外公布。

（17）经营人应当在载运危险品的飞行终止后，将危险品航空运输的相关文件至少保存二十四个月。上述文件至少包括收运检查单、危险品运输文件、航空货运单和机长通知单。

（18）经营人委托地面服务代理人代表其从事与危险品航空运输地面服务的，应当同地面服务代理人签订涉及危险品航空运输的地面服务代理协议。所委托的中国境内的地面服务代理人应当符合 42 号令有关地面服务代理人的要求，所委托的中国境外的地面服务代理人应当符合所在地国家的相关法律、法规。经营人应当自危险品航空运输地面服务代理协议签订之日起七日内将所签订协议报民航地区管理局备案。

（19）经营人委托货运销售代理人代表其从事货物航空运输销售活动的，应当同货运销售代理人签订包括危险品安全航空运输内容的航空货物运输销售代理协议，并确保所委托的货运销售代理人满足以下要求：

① 拥有企业法人营业执照；

② 从事危险品收运工作、货物或邮件（非危险品）收运工作的员工，从事货物或邮件的搬运、储存和装载工作的员工，按照所代理的经营人认可的危险品培训大纲由符合 42 号令要求的培训机构培训合格；

③ 在货物、邮件收运处的醒目地点展示和提供数量充足、引人注目的关于危险品运输信息的公告，以提醒注意托运物可能含有的任何危险品，以及危险品违规运输的相关规定和法律责任，这些公告必须包括危险品的直观示例；

④ 不得作为托运人或者代表托运人托运危险品；

⑤ 采取适当措施防止危险品被盗或者不正当使用而使人员或者财产受到损害；

⑥ 发生航空器事故、严重事故征候、一般事故征候时，向调查职能部门报告航空器上装载危险品的情况；

⑦ 其他在经营人授权范围内代表经营人从事的危险品航空运输活动应符合 42 号令和《技术细则》的要求。

（20）经营人委托货运销售代理人和地面服务代理人从事货物航空运输相关业务，应当在代理协议中要求代理人对收运货物进行查验或者采取有效措施防止货物中隐含危险品。经营人应当对代理人的货物查验及相关措施进行认可并定期检查。

三、经营人的代理人的责任

民航危险品运输中经营人的代理人的责任主要如下。

（1）42 号令所指的经营人的代理人，是指位于中国境内的代表经营人从事危险品航空运输活动的企业，包括货运销售代理人、地面服务代理人，以及其他代表经营人从事危险品航空运输活动的企业。

（2）货运销售代理人从事货物航空运输销售代理活动，应当同经营人签订包括危险品安全航空运输内容的航空货物运输销售代理协议。

（3）货运销售代理人不得作为托运人或者代表托运人托运危险品。

（4）地面服务代理人无论是否从事危险品航空运输活动，均应当满足以下要求：

① 拥有企业法人营业执照；

② 制定危险品培训大纲并获得民航地区管理局的批准；

③ 确保其人员已按 42 号令和《技术细则》的要求接受相关危险品知识的培训并合格；

④ 与经营人签订包括危险品航空运输在内的地面服务代理协议；

⑤ 制定危险品航空运输管理程序，其中应当包括地面应急程序和措施；

⑥ 拥有经营人提供或者认可的危险品航空运输手册；

⑦ 民航局规定的其他条件。

（5）地面服务代理人从事危险品航空运输活动的，除满足 42 号令第七十九条规定外，还应当满足以下要求：

① 制定符合《技术细则》要求的危险品安保措施；

② 危险品的储存管理符合《技术细则》中有关危险品存储、分离与隔离的要求。

③ 确保其人员在履行相关职责时，充分了解危险品运输手册中与其职责相关的内容，并确保危险品的操作和运输按照其航空运输手册中规定的程序和要求实施。

（6）地面服务代理人应当报所在地民航地区管理局备案。自收到备案申请之日起二十日内，民航地区管理局应当将地面服务代理人予以备案，并对外公布。

（7）地面服务代理人代表经营人从事危险品航空运输活动的，符合42号令有关经营人责任的规定。

第三节　危险品运输的培训

在民航运输过程中，各个工作环节都有可能接触到危险品。根据交通部《民用航空危险品运输管理规定》，从事危险品航空运输活动的人员应当按照42号令及《技术细则》的要求经过培训并合格。为了保证知识更新，应当在前一次培训后的二十四个月内进行复训。如果复训是在前一次培训的最后三个月有效期内完成的，则其有效期自复训完成之日起开始延长，直到前一次培训失效日起二十四个月为止。

培训内容必须包括以下几个方面。

（1）一般熟悉培训：目的是必须熟悉一般性规定。

（2）具体职责培训：必须按该人员所担负职责要求提供详细的培训。

（3）安全培训：培训内容必须包括危险品所具有的危险性、安全操作和应急处置程序。

在TI与《危险品规则》中，将危险品受训人员分为12类，见表1-1。同时对各类人员的培训内容提出了最低要求，见表1-2。

表1-1　危险品受训人员类别

类别	人员名称
1	托运人和承担托运人责任的人
2	包装人
3	代理人（参与危险品处理的人员）
4	代理人[参与货物、邮件（非危险品）处理的人员]
5	代理人（从事货物或邮件操作、储存和装载工作的人员）
6	经营人及地面代理人（危险品收运人员）
7	经营人及地面代理人[货物、邮件（非危险品）收运人员]
8	经营人及地面代理人（负责货物、邮件和行李操作、存储和装载的人员）
9	客运服务人员
10	飞行机组成员、监装主管、配载人员和航班运行控制人员/签派员
11	飞行以外的机组人员
12	安检人员（负责使用安检机检查旅客和机组及其行李和货物、邮件的人员，例如，安检人员及其督导者和参与执行安检程序的人员）

表 1-2　培训最低要求

关于危险品航空运输、培训人员应熟悉的最低课程要求	托运人和包装人			货运代理机构			公司和地面保障代理机构			安检人员		
	1	2	3	4	5	6	7	8	9	10	11	12
基本原理	√	√	√	√	√	√	√	√	√	√	√	√
限制	√		√		√	√		√	√		√	√
托运人一般要求	√		√			√						
分类	√	√	√	√	√	√	√	√		√	√	√
危险品表	√	√	√			√				√		
一般包装要求	√		√			√						
包装说明	√	√	√			√						
标签与标记	√	√	√	√	√	√	√	√	√	√	√	√
托运人危险品申报单与其他有关文件	√		√	√		√	√					
收运程序						√						
对未申报危险品的识别	√	√	√	√	√	√	√	√	√	√	√	√
存储与装载程序				√	√	√				√		
特种货物机长通知单					√	√		√				
旅客与机组人员的规定	√	√	√	√	√	√	√	√	√	√	√	√
紧急情况的处理	√	√	√	√	√	√	√	√	√	√	√	√

第四节　高危危险品

高危危险品是指那些有可能在恐怖主义事件中被滥用，因而可能造成严重后果的危险品。例如，造成大量伤亡、大规模破坏或特别针对放射性物品的大规模社会经济的中断等。

除《危险品规则》第 7 类列出的危险品外，其他各类/项别的高危危险品列在表 1-3 中。

表 1-3　高危危险品指示性清单

第 1 类	1.1 项
第 1 类	1.2 项
第 1 类	1.3 项 C 配装组
第 1 类	1.4 项，UN0104，UN0237，UN0255，UN0267 UN0289，UN0361，UN0365，UN0366，UN0440，UN0441，UN0455，UN0456，UN0500
第 1 类	1.5 项
第 2 类	2.3 项毒性气体（不包含气溶胶）
第 3 类	减敏爆炸品
第 4 类	4.1 项减敏爆炸品
第 6 类	6.1 项包装等级 I 级，按照例外数量的危险品运输时除外
第 6 类	6.2 项感染性物质 A 级（UN2814 和 UN2900）

（注：参见《危险品规则》。）

对于第 7 类危险品，高危放射性物品是指活度等于或大于运输安全临界值每单个包装 $3000A_2$。安全临界值及 A_2 详见第 7 章。

本 章 小 结

本章主要介绍了民航危险品运输的法律、法规和托运人与运营人的责任，以及危险品培训方面的内容。只要严格遵循危险品运输的相关法律、法规及管理规定、运输规则的要求，所有与运输相关的工作人员接受专业培训并通过考核，明确各自责任并且履行职责，对危险品进行正确包装和操作，那么大部分危险品是可以安全空运的。

自 我 检 测

1．什么是民航危险品？

2．指导民航危险品运输的国际、国内法规有哪些？分别是什么组织制定的？TI 与 DGR 之间的联系和区别是什么？

3．《危险品规则》将危险品受训人员共分为几类？分别是什么人员？

4．下列哪些属于托运人的责任？哪些属于经营人的责任？

① 识别危险品　　　　　　　　④ 包装

② 填写申报单　　　　　　　　⑤ 收运检查

③ 粘贴标签、标记　　　　　　⑥ 装载

5．单选题：民航安全检查人员属于第几类危险品受训人员？（　　　）

A．7　　　　　　　B．8　　　　　　　C．9　　　　　　　D．12

6．单选题：空中乘务人员属于第几类危险品受训人员？（　　　）

A．8　　　　　　　B．9　　　　　　　C．10　　　　　　D．11

7．单选题：飞行机组人员属于第几类危险品受训人员？（　　　）

A．9　　　　　　　B．10　　　　　　C．11　　　　　　D．12

第二章　民航危险品运输的限制

引　言

通过第一章的学习我们了解到，安全空运危险品的前提条件是必须严格遵守各项法律、法规，明确责任并正确操作。但仍有很多人还是不明白，民航飞机上为什么会有危险品？它们究竟是通过哪些途径出现在飞机上的呢？通常有四种渠道，分别是货物（Cargo）、邮件（Mail）、公司资产（Company Materials）及行李（Baggage）。

那么，所有的危险品都可以通过民航飞机来运输吗？答案是否定的。《危险品规则》中提到，某些危险品过于危险而不能用航空器载运，有些危险品只能由货机载运，另外某些危险品客机和货机都可运输。对于允许进行航空运输的危险品有许多规定和限制，在《危险品规则》中制定了这些限制。

本章主要介绍的内容如下。

（1）绝对禁运和相对禁运的危险品。

（2）旅客和机组人员携带的危险品。

（3）隐含的危险品。

（4）有限数量危险品和例外数量危险品。

（5）经营人物资中的危险品。

第一节　禁运的危险品

一、任何情况下都禁止航空运输的危险品

如果危险品的危险性太大，在任何情况下都是禁止航空运输的。在正常的运输条件下，易爆炸、发生危险反应、起火或产生导致危险的热量、散发毒性、腐蚀性，或易燃气体、蒸气的任何物品或物质，在任何情况下都禁止航空运输。

在《危险品规则》的危险品表中列出了任何情况下都不能进行航空运输的危险品，并用"Forbidden"字样标明。但值得注意的是，在危险品表中不可能将在任何情况下

均禁止航空运输的危险品全部列出，因此，为保证如上所述的危险品不交付运输，谨慎注意是十分必要的。

另外，绝对禁运的危险品还包括由于安全原因被退回给制造商的物品，如有缺陷的锂电池，见《危险品规则》特殊规定 A154。

二、经豁免可以运输的危险品

以下危险品不得使用航空器载运，除非有关国家部门予以豁免。

（1）下列放射性物品。

① 配备通气设施的 B（M）型包装件。

② 需要辅助冷却系统进行外部冷却的包装件。

③ 在运输过程中需要操作控制的包装件。

④ 爆炸品。

⑤ 可自燃的液体。

（2）除非另有规定，在危险品表中标明禁止运输的，带联合国编号的物品和物质。

（3）被传染的活体动物。

（4）需要 I 级包装的具有蒸气吸入毒性的液体。

（5）运输温度等于或高于 100℃的液态物质或温度等于或高于 240℃的固态物质。

（6）国家有关主管部门指定的任何其他物品或物质。

自 我 检 测

1. 正常运输条件下，哪些物品和物质是在任何情况下都禁止航空运输的？危险品表中是否将所有绝对禁止航空运输的危险品全部列出了？

2. 温度超过 100℃的液体，以及温度超过 240℃的固体属于几类危险品？是否可以进行空运？如果可以，需要满足什么条件？

第二节　旅客或机组人员携带的危险品

尽管旅客和机组人员携带的危险品数量较小，但为了保证飞行安全，此类危险品应严格遵守《危险品规则》第三节中的规定，在我国还应遵守民航局的有关规定。

一、禁止作为行李运输的危险品

（1）内装锂电池和烟火装置等危险品的保险公文箱、外交公文箱、现金箱。

（2）装有压缩液态毒气、胡椒喷雾器等带刺激性或使人伤残的器具。

（3）使用液态氧作为主要或次要氧气源的个人医用氧气装置。

（4）含有如爆炸品、压缩气体、锂电池等危险品的电击武器（如泰瑟枪）。

二、经经营人批准，只能作为托运行李接收的物品

（1）体育运动用弹药。按《危险品规则》中 1.4S 项（详见第三章第一节）中（仅限 UN0012 或 UN0014）在坚固包装内的弹药，其毛重限量为 5 千克，不含炸弹和燃烧弹（需提供公安部门的许可）。

（2）装有密封型湿电池的轮椅或助行器，电池处于非连接状态，防止短路。

（3）装有非密封型电池的轮椅或助行器，电池卸下单独包装并处于非连接状态，防止短路，保持直立。

（4）装有锂电池的轮椅或助行器，电池两极已做防短路保护，并牢固地安装在轮椅或助行器上，电路已断开。

（5）野营炉及装有易燃液体的燃料容器，必须排空所有的易燃液体。

（6）保安型设备。

三、经经营人批准，仅作为手提行李接收的物品

（1）水银气压计或温度计。

（2）备用锂电池。

四、经经营人批准，允许作为行李运输的物品

以下危险品获得经营人的批准后，可作为托运行李或手提行李使用航空器装运。

（1）医用氧气（详见国家及各航空公司的规定）。

（2）安装在设备上的小型非易燃气罐：装入救生衣内的非易燃、无毒气体钢瓶不得超过 2 个（详见国家及各航空公司的规定）。

（3）雪崩救援背包：此类背包必须正确放置确保不会意外触发，空气袋必须有减压阀。

（4）化学品监视设备：由禁止化学武器组织成员携带，妥善处理包装设备中的快速报警和识别设备并且设备中不含锂电池。

（5）固体二氧化碳（干冰）。

（6）产生热量的物品。

（7）锂电池供电的电子设备。

五、无须经经营人批准可接收的危险品

（1）药品及化妆品：是指发胶、香水及含酒精的药品。

（2）属于《危险品规则》中2.2项的气溶胶：适于体育运动或家用，《危险品规则》中2.2项无次要危险性的气溶胶仅作为托运行李运输。

（3）用于机械假肢的气瓶：为操纵机械假肢而携带的《危险品规则》中2.2项小气瓶。可携带同样大小的备用气瓶。

（4）心脏起搏器或放射性药剂：包括植入人体内以锂电池为动力的装置或作为治疗手段置于人体内的放射性药剂。

（5）医用或临床用体温计：置于防护盒内的个人使用的含水银的小型医用或临床体温计1支。

（6）安全火柴或打火机：自用的一小盒安全火柴或一只不含有未吸收的液体燃料（不包括液化气）的小型打火机。火柴及打火机不能放入托运或手提行李中。打火机燃料和燃料罐不允许随身携带，也不能放入托运或手提行李中。

（7）酒精饮料：体积百分比浓度为24%～70%，每个内包装不超过5升，每人携带不超过5升。含酒精体积浓度小于24%的酒精饮料不受任何限制。

（8）使用烃类气体的卷发器：只能携带1支，其安全盖必须紧扣于电热元件上。不得在飞机上使用。此种卷发器的备用储气筒不得在手提行李或托运行李中携带。

（9）内含电池的轻便电子装置（包括医疗装置）。

旅客或机组人员携带个人自用的内含锂金属或锂离子电池芯或电池的轻便电子装置（包括医疗装置），如便携式集氧器（POC）和消费电子产品，如照相机、手机、笔记本电脑、平板电脑和充电宝可以在手提行李中携带。每人最多可携带15个PED和最多20块备用电池，仅在经营人批准的情况下可以超过限制的数量。备用电池必须单个做好保护以防短路。例如，备用电池可以放到原商品包装中，用胶带缠好暴露出的电极，每块电池应放在单独的塑料袋或保护袋内，并且仅能在手提行李中携带。另外，锂电池必须符合下列条件。

① 每个安装的或备用的电池不得超过：

A. 锂金属或锂合金电池，锂含量不超过2g；

B. 锂离子电池，瓦特小时值不超过100Wh。

② 电池和电池芯必须是符合联合国实验与标准手册第Ⅲ部分38.3节要求的类型。

③ 含锂金属或锂离子电池芯或电池的物品，其主要用途是对另一装置提供能源，如移动电源，只允许放在手提行李中。这些物品必须单个做好保护以防短路，如放到原商品包装中或使用其他隔离电极的方法，即用胶带缠好暴露出的电极，把每块电池

放在单独的塑料袋或保护袋内。

④ 含锂电池的电子香烟只允许在手提行李中携带。

⑤ 如果设备作为托运行李，旅客或机组人员必须采取防止意外启动的措施。

（10）轻便电子设备中的燃料电池：为便携式电子设备（如照相机、手机、笔记本电脑和摄像机）提供电力的燃料电池和备用的燃料盒。

（11）节能灯：个人或家庭使用的装在零售包装内的节能灯。

（12）含冷冻液氮的隔热包装（液氮干装）。

（13）含密封型电池的轻便电子装置。

（14）与少量易燃液体一起包装的非感染性样本。

（15）内燃机或燃料电池发动机。

（16）渗透装置。

危险品不得由旅客或机组人员放入或作为托运行李或手提行李携带，表 2-1 所列情况除外。除另有规定外，允许放入手提行李中的危险品也允许带在身上。

表 2-1　旅客与机组人员携带危险品的规定

	需由经营人批准	允许在托运行李中或作为托运行李	允许在手提行李中或作为手提行李	必须通知机长装载位置
酒精饮料　在零售包装内、体积百分比浓度在 24%以上但不超过 70%的酒精饮料，装于不超过 5L 的容器内，每个人携带的总净数量不超过 5L	否	是	是	否
安全包装的弹药（武器弹药筒、子弹夹）　（只限《危险品规则》中 1.4SUN0012 和 1.4SUN0014），仅限本人自用，每人携带毛重不超过 5 千克。一人以上所携带的弹药不得合并成一个或数个包装件	是	是	否	否
雪崩救援背包　每人允许携带 1 个。含有《危险品规则》中 2.2 项压缩气体的气瓶，也可装备净重小于 200mg《危险品规则》中 1.4 项物质的焰火引发装置。这种背包的包装方式必须保证不会意外开启，背包中的气囊必须装有减压阀	是	是	是	否
电池，备用/零散的，包括锂金属或锂离子电池芯或电池　轻便电子装置所用电池只允许旅客在手提行李中携带。这些电池必须单独保护以防止短路	否	否	是	否
野营炉具和装有易燃液体燃料的燃料罐　带有空燃料罐和（或）燃料容器	是	是	否	否
化学品监视设备　由禁止化学武器组织的官方人员公务旅行携带的	是	是	是	否
使人丧失行为能力的装置　含有刺激性和使人丧失行为能力的物质，如催泪瓦斯、胡椒喷雾剂等，禁止随身、放入托运行李和手提行李携带	禁止	禁止	禁止	
干冰（固体二氧化碳）　用于不受本规则限制的鲜活易腐食品保鲜的干冰，每位旅客携带不得超过 2.5kg（可以作为手提或托运行李，但包装要留有释放二氧化碳气体的通气孔。托运的行李必须标注"干冰"或"固体二氧化碳"及其净重，或注明干冰小于或等于 2.5kg	是	是	是	否
电子香烟　含有电池的电子香烟（包括电子雪茄、电子烟斗、其他私人用汽化器），必须单独保护以防意外启动	否	否	是	否
电击武器（如泰瑟枪）　含有如爆炸品、压缩气体、锂电池等危险品，禁止放入手提行李或托运行李或随身携带	禁止	禁止	禁止	否

续表

品名 / 说明	允许在手提行李中或作为手提行李	允许在托运行李中或作为托运行李	需由经营人批准	必须通知机长装载位置
含有燃料的燃料电池 为轻便电子装置供电（比如：照相机、手机、笔记本电脑及小型摄像机等。）	否	否	是	
备用燃料电池罐 为便携式电子设备供电	否	是	是	否
小型非易燃气罐 安装在自动充气安全设备上，如救生衣或背心上的装有二氧化碳或其他《危险品规则》中2.2项气体的小型气罐，每个设备携带不超过2个气罐。每位旅客携带不超过1个设备和不超过2个备用小型气罐，不超过4个其他设备用的容量最多50mL的气罐	是	是	是	否
非易燃无毒气体气瓶 用于操作机械假肢的气瓶，以及为保证旅途中使用而携带的大小相仿的备用气瓶	否	是	是	否
含有烃类气体的卷发器 如果卷发器的加热器上装有严密的安全盖，则每名旅客或机组人员最多可带1个。这种卷发器任何时候都禁止在航空器上使用，其充气罐不准在手提行李或托运行李中携带	否	是	是	否
产生热量的物品 如水下电筒（潜水灯）和电烙铁	否	是	是	否
含有冷冻液氮的隔热包装（液氮干装） 液氮被完全吸附于多孔物质中，内装物仅为非危险品	否	是	是	否
内燃机或燃料电池发动机 必须符合A70规定（《危险品规则》特殊规定）	否	否	是	否
节能灯 个人或家庭使用的装在零售包装内的节能灯	否	是	是	否
锂电池 装有锂电池的安保型设备			是	否
锂电池 含有锂金属或锂离子电池芯或电池的轻便电子装置，包括医疗装置，如旅客或机组人员携带的供个人使用的便携式集氧器（POC）和消费电子产品，如照相机、移动电话、笔记本电脑、平板电脑和移动电源。锂金属电池的锂含量不得超过2g，锂离子电池的瓦特小时值不得超过100Wh	否	是	是	否
锂电池 备用/零散的消费电子装置和轻便医用电子装置（PMED）使用的瓦特小时值大于100Wh但不大于160Wh的锂离子电池，仅轻便医用电子装置（PMED）使用的锂含量超过2g但不超过8g的锂金属电池，以及最多2个备用电池仅限在手提行李中携带。这些电池必须单独保护以防短路	是	否	是	否
锂电池供电的电子装置 轻便电子装置（包括医用）使用的瓦特小时值大于100Wh但不大于160Wh的锂离子电池。锂含量超过2g但不超过8g的仅医用电子装置专用的锂金属电池	是	否	是	否
安全火柴（一小盒）或一个小型香烟打火机 个人使用带在身上的不含未被吸附的液体燃料且非液化气体的打火机。打火机燃料或燃料充装罐不允许随身携带，也不允许放入托运行李或手提行李中	否	带在身上	否	
注："即擦式"火柴、"蓝焰"或"雪茄"打火机禁止运输				
助行器 装有密封型湿电池或符合《危险品规则》特殊规定A123或A199的电动轮椅或其他类似助行器	是	是	否	否
助行器 装有非密封型电池或锂电池的轮椅或其他类似电动助行器	是	是	否	
助行器 装有锂离子电池（可拆卸的）的电动助行器，锂离子电池必须拆卸下来，且在客舱内携带	是	否	是	是
非放射性药品或化妆品 （包括气溶胶）如发胶、香水，以及含酒精的药品	否	是	是	否
《危险品规则》中2.2项非易燃无毒的气溶胶 无次要危险性，体育运动用或家用	否	是	否	否
上述2条的物品总净数量不得超过2kg或2L，单个物品的净数量不得超过0.5kg或0.5L。气溶胶阀门必须有盖子或用其他方法保护，以防止意外打开阀门释放内含物				
氧气或空气气瓶 用于医学用途，气瓶的毛重不得超过5kg	是	是	是	是

续表

	必须通知机长装载位置			
	允许在手提行李中或作为手提行李			
	允许在托运行李中或作为托运行李			
	需由经营人批准			
注：液态氧装置禁止运输				
渗透装置 必须符合 A41 规定	否	是	否	否
含有密封型电池的轻便电子装置 电池必须符合《危险品规则》中 A67 规定，且电压等于或小于 12V、瓦特小时值等于或小于 100Wh。最多可携带 2 个备用电池	否	是	是	否
放射性同位素心脏起搏器或其他装置 包括那些植入体内或体外安装的以锂电池为动力的装置或作为治疗手段植入体内的放射性药剂	否	带在身上	是	否
保险型公文箱、现金箱、现金袋 装有锂电池和（或）烟火材料等危险品，是完全禁运的。见 DGR4.2 危险品表中的条目				
非感染性样本 与少量易燃液体包装在一起，必须符合《危险品规则》中 A180 的规定	否	是	是	
医疗或临床用温度计 含汞，个人使用每人允许携带 1 支，放在保护盒内	否	是	否	否
水银气压计或温度计 由政府气象局或其他类似官方机构携带的	是	否	是	是

（注：本节内容及表 2-1 可能受到国家和经营人差异的限制；旅客应查询其乘坐航班所在航空公司的现行规定。）

自 我 检 测

请判断下列说法是否正确。

1. 体育运动用弹药经经营人批准，只能作为托运行李接收。

2. 水银气压计或温度计经经营人批准，只能作为手提行李接收。

3. 雪崩救援背包经经营人批准，只能作为手提行李接收。

4. 香水及含酒精药品无须经营人批准，可作为行李接收。

5. 根据中国民航局的规定，每名旅客每次最多可携带 2 瓶酒精饮料（每瓶容积均不得超过 500mL），必须托运。

6. 允许旅客或机组人员携带内装锂电池的公文箱。

7. 旅客在手提行李中可以携带电击器。

8. 旅客在手提行李中可以携带胡椒喷雾器。

第三节　隐含的危险品

在托运人按照一般情况申报的货物中，可能隐含某些危险品，这些危险品不易从托运人的申报中确定其属性。在行李中也可能会发现此类危险品。为了避免未经申报的危险品被装上航空器，同时防止旅客在其行李中携带禁运的危险品登机，在怀疑货物或行李中可能含有危险品时，货物收运人员和办理乘机手续人员应从托运人和旅客那里证实每件货物或行李中所装运的物品。

除了对货物收运人员和办理旅客登机手续的雇员进行 DGR 中所规定的培训，还必须向上述雇员和货运订舱、销售人员，以及旅客订座、销售人员提供以下信息。

（1）货物和乘客行李中可能含有危险品的常用物品的一般说明。

（2）可能含有危险品的其他迹象（比如：标签、标记）。

（3）可能有旅客根据本章第二节所述规定携带的危险品。

托运人托运的货物中如含有下列物品的包装件时，收运人员必须要求托运人按照 DGR 的分类定义和特殊规定查验其物品，如其证实该货物不含有任何危险品，则必须在航空货运单上声明该货物不具有危险性，如在货运单的货物品名栏内注明"Not Restricted"。典型的隐含危险品如下。

（1）AOG 紧急航材（Aircraft on Ground Spares），以及航空器零备件/飞机设备（Aircraft Spare Parts/Aircraft Equipment）：可能含有爆炸物品、化学氧气发生器、不能使用的轮胎装置（已充气的）、钢瓶或压缩气体（氧气瓶、二氧化碳气瓶、氮气瓶或灭火瓶）、油漆、黏结剂、气溶胶、救生器材、急救箱、设备中的燃油、湿电池或锂电池、火柴等。

（2）汽车、汽车零部件（轿车、机动车、摩托车）[Automobiles，Automobiles Parts（Car，Motor，Motorcycle）]：可能含有磁性物质，此类物质虽不符合对磁性物质的定义，但可能因影响飞机仪表而需要特殊装载。也可能含有发动机、汽化器、燃油或曾经装有燃油的油箱、轮胎充气设备中的压缩气体、湿电池、灭火瓶、含氮的减振器/支架、气囊冲压器/气囊组件等。

（3）呼吸器（Breathing Apparatus）：可能含有压缩空气瓶或氧气瓶，以及化学氧气发生器或深冷液化氧气。

（4）野营用具（Camping Equipment）：可能含有易燃气体（丁烷、丙烷等）、易燃液体（煤油、汽油等）、易燃固体（四氮六甲圜、火柴等）或其他危险品。

（5）轿车、轿车零部件（Cars，Car Parts）：见汽车、汽车零部件相关内容。

（6）化学品（Chemicals）：可能含有任何类别符合危险品定义的物质，尤其是易燃液体、易燃固体、氧化剂、有机过氧化物、毒性或腐蚀性物质。

（7）经营人物资（Company Materials）：如飞机零件可能含有危险品，以及旅客服务设备中的化学氧气发生器，多种压缩气体（氧气、二氧化碳、氮气），气体打火机，气溶胶，灭火瓶，易燃液体（油漆、黏结剂、燃油），腐蚀性物质（电池），急救箱，救生器材，信号弹，火柴，磁性材料等。

（8）集运货物（Consolidated Consignments）：可能含有任何种类的危险品。

（9）低温物质（液体）[Cryogenic（Liquid）]：冷冻液化气体，如氩、氦、氖、氮等液化气体。

（10）气瓶（Cylinders）：可能有压缩或液化气体。

（11）牙科器械（Dental Apparatus）：可能含有易燃树脂或溶剂、压缩或液化气体、汞或放射性物质。

（12）诊断标本（Diagnostic Specimens）：可能含有传染性物质。

（13）潜水设备（Diving Equipment）：可能含有装有压缩气体的钢瓶（潜水呼吸器及救生衣上的气瓶，内含氧气或空气）、在空气中运转时可能产生极高热量的高照明度的潜水灯具。为载运安全，灯泡或电池必须断开连接。

（14）钻探及采掘设备（Drilling and Mining Equipment）：可能含有炸药和（或）其他危险品。

（15）液氮干装（可挥发蒸气的容器）（Dry Shipper）：可能含有液体氮。当冷冻容器未按正确方向放置则会释放出液体氮时，属于危险品。

（16）电气设备/电子设备（Electrical Equipment）：开关盒或电子管内可能含有带磁性的物品或汞，也可能含有湿电池。

（17）电动器械（轮椅、割草机、高尔夫球车等）[Electrically Powered Apparatus（Wheelchairs，Lawn Mowers，Golf Carts，etc.）]：可能装有湿电池。

（18）探险设备（Expeditionary Equipment）：可能含有爆炸物质（照明弹）、易燃液体（汽油）、易燃气体（丙烷、野营用气体）或具有其他危险的危险品。

（19）摄影或媒体器具（Film Crew or Media Equipment）：可能含装有爆炸物质的烟火装置、内燃机发生器、湿电池、燃料、热能发生器等。

（20）冷冻胚胎（Forzen Embryos）：可能含有冷冻液化气体或固体二氧化碳（干冰）。

（21）冷冻水果、蔬菜（Frozen Fruit，Vegetables）等：包装内可能含有固体二氧化碳（干冰）。

（22）燃料（Fuels）：可能含有易燃液体、易燃固体或易燃气体。

（23）燃料控制器（Fuel Control Unit）：可能含有易燃液体。

（24）热气球（Hot Air Balloon）：可能含有装有易燃气体的钢瓶、灭火器、内燃机、电池等。

（25）家庭用品（Household Goods）：可能含有符合危险品标准的物品，包括易燃液体，如溶剂型油漆、黏合剂、上光剂、气溶胶、漂白剂等、炉灶或排水管清洁剂，弹药，火柴等。

（26）仪器（Instruments）：可能包括含有汞的压力计、气压计、水银转换器、整流管、温度计等物品。

（27）实验/试验设备（Laboratory/Testing Equipment）：可能含有符合危险品标准的物品，特别是易燃液体、易燃固体、氧化剂、有机过氧化物、毒性或腐蚀性物质。

（28）机械部件（Machinery Parts）：可能含有胶黏剂、油漆、封漆、胶溶剂、湿电池或锂电池、汞、含压缩或液化气体的钢瓶等。

（29）磁铁或类似物（Magnets and Other Items of Similar Material）：可能单独或累积地符合磁性物质的标准。

（30）医疗用品（Medical Supplies）：可能含有符合危险品标准的物品，特别是易燃液体、易燃固体、氧化剂、有机过氧化物、毒性或腐蚀性物质。

（31）金属建筑材料，金属栅栏，金属管材（Metal Construction Material，Metal Fencing，Metal Piping）：可能含有因影响飞机仪表而需要符合特殊装载要求的铁磁性物质。

（32）汽车部件（轿车、机动车、摩托车）[Parts of Automobile（Car，Motor，Motorcycle）]：可能含有湿电池等。

（33）旅客行李（Passengers Baggage）：可能含有符合危险品标准的物品，包括烟花爆竹、易燃家用液体，腐蚀炉或排水管清洁剂，易燃气体或液体的打火机添加剂，或野营炉灶钢瓶、火柴、弹药、漂白粉，根据《危险品规则》2.3节规定不允许运输的气溶胶等。

（34）药品（Pharmaceuticals）：可能含有符合危险品标准的物品，特别是放射性物质、易燃液体、易燃固体、氧化剂、有机过氧化物、毒性或腐蚀性物质。

（35）摄影用品（Photographic Supplies）：可能含有符合危险品标准的物品，特别是热发生装置、易燃液体、易燃固体、氧化剂、有机过氧化物、毒性或腐蚀性物质。

（36）促销材料（Promotional Material）：见"旅客行李"相关内容。

（37）赛车或摩托车队设备（Racing Car or Motorcycle Team Equipment）：可能含有发动机、汽化器、含燃油或残余燃油的油箱、易燃气溶胶、压缩气体钢瓶、硝基甲烷、其他燃料添加剂或湿电池、锂电池等。

（38）冰箱、冷柜、空调（Refrigerators）：可能含有液化气体或氨溶液。

（39）修理箱（Repair Kits）：可能含有有机过氧化物、易燃胶黏剂、溶剂型油漆、树脂等。

（40）试验样品（Samples for Testing）：可能含有符合危险品标准的物品，特别是传染性物质、易燃液体、易燃固体、氧化剂、有机过氧化物、毒性或腐蚀性物质。

（41）精液（Semen）：包装内可能使用固体二氧化碳（干冰）或冷冻液化气体。另见"液氮干装"相关内容。

（42）演出、舞台和特殊效果的设备（Show，Motion Picture，Stage and Special Effects Equipment）：可能含有易燃物质、爆炸品或其他危险品。

（43）游泳池化学剂（Swimming Pool Chemicals）：可能含有氧化或腐蚀性物质。

（44）电子设备或仪器的开关（Switches in Electrical Equipment or Instruments）：可能含有汞。

（45）工具箱（Tool Boxes）：可能有爆炸品（射钉枪）、压缩气体或气溶胶、易燃气体（丁烷筒）、易燃胶黏剂或油漆、腐蚀性液体等。

（46）火炬（Touches）：微型火炬及发光棒可能含有易燃气体且装备了电启动器。大型火炬可能由火炬头（通常带有自燃开关）和含有易燃气体的容器或气瓶组成。

（47）无人陪伴行李/私人物品（Unaccompanied Passengers Baggage/Personal Effects）：可能含有符合危险品标准的物品，包括焰火、易燃家用液体、腐蚀炉或排水管清洁剂、易燃气体或液体打火机添加剂、野营炉灶钢瓶、火柴、弹药、漂白粉、气溶胶等。

（48）疫苗（Vaccines）：包装内可能有固体二氧化碳（干冰）。

（49）船舶零备件（Ships' Spares）：可能含有爆炸品（照明弹）、含压缩气体的钢瓶（救生筏）、油漆、锂电池（应急定位发射器）等。

（50）电池供电装置/设备（Battery-Powered Devices/Equipment）：可能有压缩空气或氧气瓶、化学氧气发生器或深冷液化氧气。

（51）体育运动用品/体育团队设备（Sporting Goods/Sports Team Equipment）：可能含压缩或液化气（空气、二氧化碳等）气瓶、锂电池、丙烷喷灯、急救箱、易燃黏合剂、气溶胶等。

根据 IATA《危险品规则》，还有一些不属于危险品的某些物品或物质，如盐水、粉状物或液体染料及腌制食品等，由于长时间的渗漏可能造成严重的清除问题或腐蚀危害，对此，收运此类货物时必须进行检查，至少应确保包装是恰当的，防止其包装在运输过程中发生渗漏。

自 我 检 测

1. 单选题：下列物质属于隐含危险品的是（　　　）。

   A. 烟花　　　　　B. 氧气　　　　　C. 旅客行李　　　　D. 硫酸

2. 单选题：下列物质不属于隐含危险品的是（　　　）。

   A. 紧急航材　　　B. 潜水设备　　　C. 冷冻水果　　　D. 氢氧化钠

3. 单选题：下列物质不属于隐含危险品的是（　　　）。

   A. 诊断标本　　　B. 仪器　　　　　C. 机械部件　　　D. 水银温度计

第四节　有限数量的危险品

联合国建议书包含了有限数量危险品的规定，即许多危险品在适当有限的数量下运输时呈现出的危险性减小，可以使用建议书中指定的规格包装进行运输，这些包装质量高但并未经过相应的测试和标记。基于联合国建议书相关内容，《危险品规则》规定允许有限数量危险品虽未经过《危险品规则》第 6 章的测试和标记，但在符合其制

造要求的包装中运输。

一、有限数量的危险品包装件标注

DGR 要求盛装有限数量的危险品包装件标以如图 2-1 所示的标记。

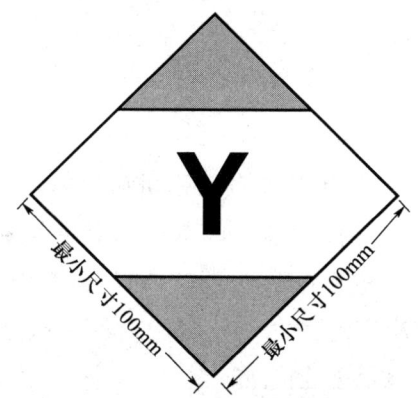

图 2-1　有限数量的危险品包装件标记

二、允许以有限数量运输的危险品

只有被允许由客机载运并符合下列类别、项别和包装等级（如适用）的危险品才可按有限数量的危险品的规定进行载运。

（1）第 2 类：《危险品规则》中 2.1 项和 2.2 项的 UN1950，《危险品规则》中无次要危险的 2.1 项和 2.2 项的 UN2037，UN3478（燃料电池罐，含液化易燃气体）和 UN3479（燃料电池罐，含储氢氢化金属）仅限燃料罐。

（2）第 3 类：包装等级Ⅱ级和Ⅲ级的易燃液体和 UN3473（燃料电池罐，含易燃液体）。

（3）第 4 类：《危险品规则》中 4.1 项中包装等级Ⅱ级和Ⅲ级的易燃固体，自反应物质除外（不考虑包装等级）；《危险品规则》中 4.3 项中包装等级Ⅱ级和Ⅲ级的物质，只限固体和 UN3476（燃料电池罐，含遇水反应物质）。

（4）第 5 类：《危险品规则》中 5.1 项中包装等级Ⅱ级和Ⅲ级的氧化剂；《危险品规则》中 5.2 项中仅限包装在化学品箱或急救箱内的有机过氧化物。

（5）第 6 类：《危险品规则》中 6.1 项中包装等级Ⅱ级和Ⅲ级的毒性物质。

（6）第 8 类：包装等级Ⅱ级和Ⅲ级的 8 类腐蚀性物质和 UN3477（燃料电池罐，含腐蚀性物质），但不包括 UN2794，UN2795，UN2803，UN2809，UN3028 和 UN3506。

（7）第 9 类：仅限第 9 类中的二溴二氟甲烷（UN1941），苯醛（UN1990），硝酸氨肥料（UN2071），化学品箱或急救箱（UN3316），航空限制的液体（UN3334），航空限制的固体（UN3335）和日用消费品（ID8000），以及环境危害物质，固体，n.o.s

（UN3077），环境危害物质，液体，n.o.s（UN3082）。

三、数量限制

每个包装件的净数量不得超过《危险品规则》危险品表中限量运输的数量限制。包装件毛重不得超过 30kg。

四、包装

有限数量的危险品包装必须遵守《危险品规则》中适用于客机的一般包装要求。已被使用过一次以上的包装，包括封盖，即前一次装入该包装内的物品被清理后再装物品准备运输时，应对该包装进行细致检查，该包装应如同新的一般能保护其内装物并发挥盛装作用。如使用前次用过的衬垫及吸附材料，则必须保持其发挥主要功能。

不允许使用单一包装，包括复合包装。

有限数量的危险品必须按照危险品表中对应栏内所述适用的前缀为"Y"的限量包装说明的要求进行包装。

内包装材料必须符合《危险品规则》6.1 节的要求。外包装材料必须按 DGR 6.2 节的结构要求设计，以使其成为适用于盛装某种物品或物质的某一类型的外包装材料。

一个外包装可以盛装超过一种危险品或其他物品的条件如下：

（1）危险品之间或危险品与其他物品之间不发生危险反应以导致：燃烧和（或）放出大量的热；放出易燃、有毒或窒息性气体；形成腐蚀性物质；形成不稳定的物质。

（2）各种危险品不需要按照《危险品规则》表 9.3.A 进行隔离，规则中另有规定的情况除外。

（3）每种危险品所使用的内包装及其所含数量，均符合各自包装说明中的有关规定。

（4）使用的外包装是所有危险品相应包装说明都允许使用的包装。

（5）对于第 2 类（UN2037，UN3478，UN3479 除外）和第 9 类以外的类别，每个包装件的总净数量不超过"Q"值，"Q"值按以下公式计算：

$$Q = n_1/M_1 + n_2/M_2 + \cdots + n_i/M_i$$

式中，n 是指包装件内各种危险品的实际净数量；m 是指危险品表中有限数量运输所规定的每个包装件的最大允许净数量。

注：计算所得的"Q"值必须进位到第一位小数且填入托运人申报单。

UN3316 不允许与其他危险品在同一个外包装内（详见《危险品规则》包装说明 Y960）。

（6）对于第 2 类（UN2037，UN3478，UN3479 除外）和第 9 类：当未与其他类别

物品包装在一起时，其毛重不得超过 30kg；当与其他类别物品包装在一起时，其毛重不得超过 30kg，并且包装件中第 2 类（UN2037，UN3478，UN3479 除外）和第 9 类以外的其他物品按上述公式计算的"Q"值不超过 1。

（7）固体二氧化碳（干冰），UN1845 可以与其他类别的物品包装在一起，但包装件的毛重不得超过 30kg。干冰的数量不必考虑计算"Q"值，但是盛装干冰的包装物和外包装必须能释放二氧化碳气体。

（8）具有相同的 UN 编号、包装等级和物理状态（固体或液体）的危险品包装在同一包装件内，不要求计算"Q"值。但是，包装件中净数量的总和不得超过危险品表中限量运输的最大允许净数量。

五、标记与标签

有限数量危险品的包装必须满足《危险品规则》中有关标记与标签的要求。

六、文件与操作

有限数量危险品在托运时必须满足《危险品规则》中有关文件与操作的所有要求。

第五节　例外数量的危险品

一、允许以例外数量运输的危险品

只有以下危险品可按例外数量危险品的规定进行运输：

（1）《危险品规则》中无次要危险性的 2.2 项的物质，但不包括 UN1043，UN1044，UN1950，UN2037，UN2073，UN2857，UN3164，UN3500，UN3511。

（2）第 3 类物质，所有包装等级，不包括具有次要危险性的包装等级为Ⅰ级的物质和 UN1204，UN2059，UN3473。

（3）第 4 类物质，包装等级Ⅱ级和Ⅲ级，但不包括所有自反应物质和 UN2555，UN2556，UN2557，UN2907，UN3292，UN3476。

（4）《危险品规则》中 5.1 项的物质，包装等级Ⅱ级和Ⅲ级。

（5）仅限于装在化学品箱、急救箱或聚酯树脂箱中的《危险品规则》中 5.2 项物质。

（6）除了包装等级Ⅰ级具有吸入毒性的物质外，所有《危险品规则》中 6.1 项中的物质。

（7）第 8 类物质，包装等级Ⅱ级和Ⅲ级，但 UN1774，UN2794，UN2795，UN2800，UN2803，UN2809，UN3028，UN3477，UN3506 除外。

（8）除固体二氧化碳、转基因生物、转基因微生物以外的第 9 类物质，不包括所

有物品。

注：以上类别、项别和包装等级的物品和物质也可以是放射性物品例外包装件。

二、例外数量危险品运输规定的适用范围

例外数量危险品运输规定的适用范围为符合《危险品规则》2.6 节规定的少量危险品（不包括物品），不受《危险品规则》其他规定的限制，但以下规定除外。

（1）培训要求。

（2）航空邮件中的危险品。

（3）分类和包装等级标准。

（4）《危险品规则》第 5 章相关包装要求。

（5）装载限制。

（6）危险品事故、事件和其他情况的报告。

（7）如属放射性物品，关于放射性物品例外包装件的要求及定义。

三、识别

按《危险品规则》2.6 节规定可以作为例外数量载运的危险品，通过如表 2-2 所列的代号标示于危险品表中。

表 2-2　危险品表中的例外数量代号

EQ 代号	每个内包装最大净数量	每个外包装最大净数量
E0	不允许按例外数量载运	
E1	30g/30mL	1kg/1L
E2	30g/30mL	500g/500mL
E3	30g/30mL	300g/300mL
E4	1g/1mL	500g/500mL
E5	1g/1mL	300g/300mL

对于气体，内包装所示的容积是指内容器的水容量，外包装所示的容积是指单一外包装中所有内包装水容量的和。

具有不同代号的例外数量危险品包装在一起时，每个外包装的总量必须限制为对应于受到最大限制的代号危险品的数量。

四、包装件的标记

例外数量危险品的包装件必须耐久、清晰地标以如图 2-2 所示的例外数量包装件标记。包装件中每个危险品的主要类别或项别（若指定）必须显示在标记中。当托运人或收件人的名字没有显示在包装上的其他地方时，此信息必须包括在标记内。

图 2-2　例外数量包装件标记

图 2-2 中，

**——标注类别或项别的位置；

**——如托运人或收件人的名字没有显示在包装上的其他地方，则标示在此位置。

五、文件

例外数量的危险品不需要托运人危险品申报单。如果有一份文件（如装运单或航空货运单）包含例外数量危险品，则该文件必须包括"例外数量危险品"字样并标明件数。

第六节　经营人物资中的危险品

一、例外

《危险品规则》中包括的规定条款不适用于以下物品和物质。

（1）航空器设备。已分类为危险品，但按照有关适航要求、运行规定或经营人所属国家规定，为满足特殊要求而装载于航空器内的物品或物质。

（2）消费品。飞行或连续飞行中，在经营人的航空器上使用或出售的气溶胶、酒精饮料、香水、科隆香水、液化气打火机和含有符合《危险品规则》2.3.5.9 节规定的锂离子或锂金属电池芯或电池的轻便电子设备，但不包括一次性气体打火机和减压条件下易泄漏的打火机。

（3）固体二氧化碳。用于冷藏航空器上服务用食品和饮料的固体二氧化碳。

（4）电池供电的电子设备。

经营人带上航空器在航班上或一系列航班飞行中使用的含有锂金属或锂离子电芯或电池的，如电子飞行包、个人娱乐设备、信用卡读卡器等的电子设备及其备用锂电池。未使用的备用锂电池必须单独做防短路保护。这些设备的运输和使用条件，以及备用电池的携带必须在运行手册和（或）其他适用的手册中提供，以便飞行机组、客

舱机组和其他雇员履行其职责。

二、航空器零备件

（1）除非经营人所属国家另有授权，运输用以替换以上第（1）点所述物品和物质的航空器零备件，或被替换下来的此类物品和物质时，必须遵守《危险品规则》的规定；但经营人使用专门设计的容器运输以上物品和物质时可以例外，条件是容器至少能够满足 DGR 中关于此种物品包装的要求。

（2）除非经营人所属国家另有授权，运输上述第（2）点和第（3）点中所述物品和物质的替换物时，必须遵守《危险品规则》的规定。

（3）除非获得经营人国家授权，上述第（4）点中作为替换的电池供电的设备及其备用电池必须按照《危险品规则》的规定运输。

第七节　国家及经营人的差异

如果不同国家或承运人对危险品运输有不同于《危险品规则》的更严格规定，可以列在《危险品规则》的国家、承运人差异中。

任何国家或运营人都有权在 IATA 颁布的《危险品规则》中登记更严格的差异。在收运或运输危险品之前，应查阅国家及运营人的差异的适用范围，详见《危险品规则》2.8 节。

本 章 小 结

本章主要介绍了禁运的危险品，旅客或机组人员携带的危险品，隐含的危险品，有限数量危险品和例外数量危险品，经营人物质中的危险品，以及国家和经营人差异。通过学习可了解到有些危险品是不能使用飞机运输的，而可以进行空运的危险品也需要遵守相关的规定和限制。

自 我 检 测

1. 单选题：下列物品可能隐含危险品的是（　　　）。
   A．烟花　　　　　B．氧气　　　　　C．旅客行李　　　　D．硫酸
2. 多选题：以下可能会隐含危险品的物品是（　　　）。
   A．紧急航材　　B．潜水设备　　C．冷冻水果　　　　D．氢氧化钠
3. 多选题：以下可能会隐含危险品的物品是（　　　）。
   A．榴梿　　　　B．疫苗　　　　C．摄影器材　　　　D．篮球

第三章 民航危险品的分类

引　言

在联合国关于危险品的九类危险性中，某物品如达到其中一类或若干类的标准，并在某些情况下对应于三个 UN 包装等级之一，则该物品定义为危险品。这九个类别与危险性种类有关，包装等级与同一类别或项别的不同危险程度有关。

某些危险品的危险性类别范围较宽，从而将其进一步细分为若干项。它们的编号顺序仅为使用方便，与危险程度无关。

本章我们将学习以下知识。

（1）九大类危险品的类、项名称。

（2）危险品的包装等级。

（3）各类、项危险品的定义、性质、包装等级划分标准等。

第一节　危险品分类与包装等级

一、危险品分类

以下危险品分类内容来自 IATA 颁布的《危险品规则》。

1．第 1 类：爆炸品（Explosives）

1.1 项：具有整体爆炸危险性的物品或者物质。

1.2 项：具有抛射危险性而无整体爆炸危险性的物品或者物质。

1.3 项：具有起火危险性、较小的爆炸和（或）较小的喷射危险性而无整体爆炸危险性的物品或者物质。

1.4 项：不存在显著危险性的物品和物质。

1.5 项：具有整体爆炸危险性而敏感度极低的物质。

1.6 项：无整体爆炸危险性且敏感度极低的物质。

2. 第 2 类：气体（Gas）

2.1 项：易燃气体（Flammable Gas）。

2.2 项：非易燃无毒气体（Non-Flammable，Non-Toxic Gas）。

2.3 项：毒性气体（Toxic Gas）。

3. 第 3 类：易燃液体（Flammable Liquid）

此类无分项。

4. 第 4 类：易燃固体、易于自燃的物质和遇水释放易燃气体的物质（Flammable Solids，Substances Liable to Spontaneous Combustion and Substances Which，in Contact with Water，Emit Flammable Gases）

4.1 项：易燃固体（Flammable Solids）。

4.2 项：自燃物质（Substances Liable to Spontaneous Combustion）。

4.3 项：遇水释放易燃气体的物质（Substances Which，in Contact with Water，Emit Flammable Gases）。

5. 第 5 类：氧化性物质和有机过氧化物（Oxidizing Substances and Organic Peroxides）

5.1 项：氧化性物质（Oxidizing Substances）。

5.2 项：有机过氧化物（Organic Peroxides）。

6. 第 6 类：毒性物质和感染性物质（Toxic and Infectious Substances）

6.1 项：毒性物质（Toxic）。

6.2 项：感染性物质（Infectious Substances）。

7. 第 7 类：放射性物质（Radioactive Material）

放射性物质是自发和连续地放射出某种类型辐射（电离辐射）的物质，这种辐射对健康有害，可使照相底片或 X 光片感光。这种辐射不能被人体的任何感官（视觉、听觉、嗅觉、触觉）觉察到，但可用合适的仪器鉴别和测量。

8. 第 8 类：腐蚀性物质（Corrosive）

此类无分项。

9. 第 9 类：杂项危险品（Miscellaneous Dangerous Goods）

此类无分项。

二、包装等级

对于托运的同一类别或项别的物品或物质，按其危险程度进行区分的一种表示方

法，称为包装等级（Packing Groups）。根据危险品所具有的危险程度大小，某些类别的危险品划分为三个包装等级，分别用罗马数字表示，包装等级与危险性见表3-1。

表 3-1　包装等级与危险性

包装等级	危险性
Packing Group Ⅰ	High Danger（较大危险性）
Packing Group Ⅱ	Medium Danger（中等危险性）
Packing Group Ⅲ	Low Danger（较小危险性）

自 我 检 测

1．单选题：根据联合国分类标准，危险品共分为几类？（　　）

　　A．3　　　　　　　B．4　　　　　　　C．8　　　　　　　D．9

2．单选题：6.2 项危险品的名称是什么？（　　）

　　A．易燃固体　　　B．易燃液体　　　C．感染性物质　　　D．毒性物质

3．单选题：4.2 项危险品的名称是什么？（　　）

　　A．易燃固体　　　B．易燃液体　　　C．感染性物质　　　D．自燃物质

4．单选题：第 8 类危险品的名称是什么？（　　）

　　A．腐蚀性物质　　B．毒性物质　　　C．感染性物质　　　D．自燃物质

5．单选题：2.3 项危险品的名称是什么？（　　）

　　A．易燃气体　　　B．非易燃气体　　C．毒性气体　　　　D．自燃物质

6．单选题：根据危险品所具有的危险程度的大小，某些类别的危险品划分为几个包装等级？（　　）

　　A．一　　　　　　B．二　　　　　　C．三　　　　　　　D．四

第二节　爆 炸 品

一、定义

爆炸品包括以下几种。

（1）爆炸性物质（物质本身不是爆炸品，但能形成气体、蒸气或粉尘爆炸环境者，不列入第 1 类），不包括那些太危险以致不能运输或那些主要危险性符合其他类别的物质。

（2）爆炸性物品，不包括下述装置：其中所含爆炸性物质的数量或特性不会使其在运输过程中偶然或意外被点燃或引发后因迸射、发火、冒烟、发热或巨响而在装置外部产生任何影响。

（3）上述两条款中未提及的，为产生爆炸或烟火实际效果而制造的物品和物质。

第 1 类是受限制的类别，即只有那些列在危险品表中的爆炸性物品和物质才可运。但是，有关国家的相关部门保留通过相互协议而批准在特定条件下为特定目的运输爆炸性物质和物品的权利。因此，危险品表中列有"爆炸性物品，n.o.s"和"爆炸性物质，n.o.s"条目。应注意，这些条目仅在没有其他可能利用的操作办法时使用。

危险品表中所列的大多数爆炸品通常禁止航空运输。该表包含了这些爆炸品的相关资料，其运输必须得到相关国家主管部门的批准。

二、描述

爆炸性物品和爆炸性物质划归为 6 个项中的其中 1 项和 13 个配装组中的其中 1 个，不是在所有项中能找到所有的配装组，只有《危险品规则》中 1.4 项 S 配装组的爆炸品可以用客机运输，只有《危险品规则》中 1.3 项 C、G 配装组和 1.4 项 B、C、D、E、G、S 配装组的爆炸品可以用货机运输。

三、配装组

被认为可以相容的各种爆炸性物品和物质列为一个同配装组。表 3-2 列出了划分配装组的方法、与各配装组有关的可能危险项别及相应的分类编码。由于 S 配装组的标准是一种以经验为依据的标准，因此该配装组的划分必须与《危险品规则》中 1.4 项爆炸品的归类试验相关联。

表 3-2　爆炸品配装组的划分

配装组	危险性项别	拟分类物品或物质的说明
A	1.1	初级爆炸性物质
B	1.1，1.2，1.4	含有初级爆炸性物质、而不含有两种或两种以上有效保护装置的物品。某些物品，例如，爆破用雷管、爆破和起爆用雷管组件及帽形起爆器等包括在内，即使这些物品不含有初级炸药
C	1.1，1.2，1.3，1.4	推进爆炸性物质或其他爆燃爆炸性物质或含有这类爆炸性物质的物品
D	1.1，1.2，1.4，1.5	次级起爆药或黑火药或含有次级起爆药的物品，无引发装置和发射药；或含有主要的爆炸性物质和两种或两种以上有效保护装置的物品
E	1.1，1.2，1.4	含有次级起爆药的物品，无引发装置，带有发射药（含有易燃液体或胶体或自燃液体的除外）
F	1.1，1.2，1.3，1.4	含有次级起爆药的物品，带有引发装置，带有发射药（含有易燃液体或胶体或自燃液体的除外）或不带有发射药
G	1.1，1.2，1.3，1.4	烟火物质或含有烟火物质的物品或既含有爆炸性物质又含有照明、燃烧、催泪或发烟物质的物品（水激活的物品或含有白磷、磷化物、发火物质、易燃液体或胶体或自燃液体的物品除外）
H	1.2，1.3	含有爆炸性物质和白磷的物品

续表

配装组	危险性项别	拟分类物品或物质的说明
J	1.1，1.2，1.3	含有爆炸性物质和易燃液体或胶体的物品
K	1.2，1.3	含有爆炸性物质和化学毒剂的物品
L	1.1，1.2，1.3	爆炸性物质或含有爆炸性物质并且具有特殊危险（例如，遇水活化或含有自燃液体、磷化物或发火物质）需要彼此隔离的物品
N	1.6	只含有极不敏感的物质的物品
S	1.4	物质或物品的包装与设计使其在偶然引发时，只要包装件未被烧毁就把任何危险都限制在包装之内。其爆炸和喷射的影响有限，不会妨碍在附近采取消防或其他应急措施

（注：以上内容来自《危险品规则》。）

第三节　气　体

一、定义

气体是指在 50℃时，其蒸气压力大于 300kPa（3.0bar）或在 20℃，标准大气压力为 101.3kPa（1.01bar）时，完全处于气态的物质。

根据其物理状态，气体的运输状态包括以下几种。

（1）压缩气体：温度在-50℃以下，加压包装供运输时，完全呈现气态的气体；这一类别包括临界温度低于或等于-50℃的所有气体。

（2）液化气体：温度高于-50℃，加压包装供运输时，部分地呈现液态的气体。

（3）冷冻液化气体：包装供运输时由于其温度低而部分呈现液态的气体。

（4）溶解气体：加压包装供运输时溶解于溶剂中的气体。

（5）吸附气体：包装供运输时吸附到固体多孔材料导致内部容器压力在 20℃时低于 101.3kPa 和在 50℃时低于 300kPa 的气体。

本类危险品包括压缩气体、液化气体、溶解气体、冷冻液化气体、一种或几种气体与一种或多种其他类别物质的蒸气的混合物、充有气体的物品和气溶胶。

二、易燃气体

易燃气体指在 20℃和 101.3kPa 标准大气压下，在与空气的混合物中按体积占总气体体积的 13%或更少时可点燃的气体，或与空气混合，燃烧的体积分数上限和下限之差不小于 12%。

三、非易燃无毒气体

（1）窒息性气体：通常会稀释或取代空气中的氧气的气体。

（2）氧化性气体：一般通过提供氧气可比空气更能引起或促进其他材料燃烧的气体。

（3）不属于其他项别的气体。

四、毒性气体

（1）已知具有的毒性或腐蚀性强到对人的健康造成危害的气体；

（2）根据吸入毒性试验，其 LC50 的数值等于或小于 $5000mL/m^3$ 的气体。

五、例外

《危险品规则》中 2.2 项的气体，如果在温度为 20℃时，压力低于 200kPa 的条件下运输，并且不为液化气或制冷液化气时，则不受《危险品规则》的限制。

下述物品中的《危险品规则》中 2.2 项气体不受《危险品规则》限制。

（1）食品，包括碳酸饮料（除 UN1950）。

（2）体育用球。

（3）符合《危险品规则》中特殊规定 A59 的轮胎。

六、危险性的主次顺序

具有两个项别以上危险性的气体和气体混合物，其危险性的主次顺序为《危险品规则》中 2.3 项优先于所有其他项，2.1 项优先于 2.2 项。

七、气溶胶或气溶胶喷雾器

第 2 类危险品也包括"气溶胶"。在《危险品规则》中，气溶胶或者气溶胶喷雾器是指装有压缩气体、液化气体或加压溶解气体的一次性使用的金属、玻璃或塑料制成的容器，无论里面是否装入液体、糊状物或粉末，这样的容器都有可以自动关闭的释放装置，当该装置开启时，可以喷出悬浮固体或液体小颗粒的气体，或喷出泡沫、糊状物或粉末、液体或气体。

对于气溶胶，第 2 类的项别和次要危险性取决于气溶胶喷雾器中内装物的性质。

第四节　易燃液体

一、定义

第 3 类易燃液体无分项，包括易燃液体与减敏的液态爆炸品。易燃液体是指在闭杯试验中温度不超过 60.0℃，或者在开杯试验中温度不超过 65.6℃时，放出易燃蒸气的液体、液体混合物或含有固体的溶液或悬浊液（例如，油漆、清漆、真漆等，但不包括危险性属于其他类别的物质）。

在《危险品规则》中，符合上述定义，闪点高于 35℃ 且不能持续燃烧的液体，若符合下列条件之一，则不必视为易燃液体。

（1）它们通过了适当的燃烧性试验。

（2）燃点高于 100℃。

（3）水溶液，含水量超过 90%（按重量计）。

如果托运的某种液体的温度达到或超过其闪点，这种液体被视为易燃液体。

处于高温以液态形式运输，且在达到或低于最高运输温度（即该物质在运输中可能遇到的最高温度）时放出易燃蒸气的物质，也被视为易燃液体。

减敏的液态爆炸品是指溶解或悬浮在水中或其他液体物质中，形成一种均匀的液体混合物，以抑制其爆炸性的爆炸性物质。《危险品规则》的危险品表中的减敏的液态爆炸品条目为 UN1204，UN2059，UN3064，UN3343，UN3357，UN3379。

案　例

旅客行李引起火灾

1999 年，中国台湾某航空公司的航班上，一名旅客携带了一罐汽油，另有一名旅客携带了一个 12 伏的电瓶，两件物品放在头顶同一行李箱内。

飞机着陆时，这罐汽油在飞机客舱中泄漏并引起火灾（如图 3-1 所示），导致数名旅客和机组人员受到伤害。

图 3-1　旅客行李中的危险品着火

二、包装等级标准

易燃液体的包装等级是依据其闪点和沸点来划分的。表 3-3 可用来确定只具有易燃危险性的液体的包装等级。

表 3-3　第 3 类危险品包装等级的划分

包装等级	闪点（闭杯）	初始沸点
I	—	≤35℃
II	<23℃	>35℃
III	≥23℃且≤60℃	

（注：表 3-3 来自《危险品规则》表 3.3.A。）

常见的第 1 类至第 3 类危险品见表 3-4。

表 3-4　常见的第 1 类至第 3 类危险品[①]

类/项		常见危险品
第 1 类　爆炸品		TNT 炸药、黑索金炸药、电雷管、导火索、遇险信号弹、油井射孔弹、手枪子弹、信号弹、烟花爆竹等
第 2 类　气体	2.1 易燃气体	丁烷（打火机燃料）、氢气、甲烷（天然气）、丙烷、乙炔等
	2.2 非易燃无毒气体	二氧化碳、氧气、氖气、液氮、液氢等
	2.3 毒性气体	氯气、硫化氢气体、一氧化碳气体、氯化氢气体等
第 3 类　易燃液体		酒精、汽油、丙酮、清漆、某些油漆、某些黏合剂等

第五节　易燃固体、易于自燃的物质和遇水释放易燃气体的物质

一、易燃固体、自反应物质和减敏的爆炸品

《危险品规则》中 4.1 项包括易燃固体、自反应物质和固态减敏爆炸品。易燃固体是指在正常运输条件下，易于燃烧的固体和摩擦可能起火的固体；自反应物质是指容易发生激烈放热反应的物质；减敏的爆炸品是指不充分稀释就可能爆炸的物质。

1．易燃固体

易于燃烧的固体为粉状、颗粒状或糊状物质，这些物质如与燃烧着的火柴等火源短暂接触即能很容易地起火，并且火焰会迅速蔓延，十分危险。危险不仅来自火焰，还可能来自毒性燃烧产物。金属粉末特别危险，一旦着火就难以扑灭，因为常用的灭火剂如二氧化碳或水只能增加其危险性。

2．自反应物质

自反应物质是即使没有氧（空气）也容易发生激烈放热分解的热不稳定物质。自

---

① 白燕．民航危险品运输基础知识[M]．北京：中国民航出版社，2010：19－20．

反应物质的分解可因热、与催化性杂质（如酸、重金属化合物、碱）接触、摩擦或碰撞而开始。分解速度随温度而增加，且因物质而异。分解，特别是在没有着火的情况下，可能放出毒性气体或蒸气。对某些自反应物质，温度必须加以控制。有些自反应物质可能发生爆炸性分解，特别是在封闭的情况下。这一特性可通过添加稀释剂或使用适当的包装来加以改变。有些自反应物质会发生剧烈燃烧。

3．减敏的固体爆炸品

减敏的固体爆炸品是指用水或醇类将爆炸品润湿或用其他物质稀释，形成均匀的固态混合物，以抑制其爆炸性。

耐风火柴——航空禁运危险品

1998 年中国国际航空公司特运室堵住一票从南京至旧金山品名为信号火炬的货物，3 件共 36 千克。此货物为《危险品规则》中 4.1 项危险品易燃固体，运输专业名称为"耐风火柴（MATCHES，FUSEE）"（如图 3-2 所示），危险品识别编号为 UN2254，属于航空禁运货物。

航空邮件中的危险品

1997 年 4 月 16 日，机场邮局仓库内邮包起火，历时 3 小时，用了 5 个灭火器才将火扑灭。该邮包上显示邮件始发地为斯洛伐克，目的地为石家庄。

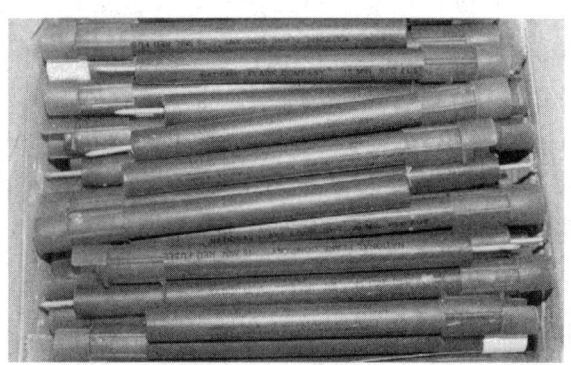

图 3-2　耐风火柴

邮件内的货物是"红磷"，属于易燃固体类的危险品，该邮包中的红磷未在飞行中燃烧，实属侥幸。

二、易于自燃的物质

《危险品规则》中 4.2 项易于自燃的物质是指在正常运输条件下能自发放热，或接

触空气能够放热，并随后易于起火的物质，包括发火物质和自发放热物质。

1. 发火物质

5 分钟内即使少量接触空气便可燃烧的物质，包括混合物和溶液（固体或液体），称为发火物质。这种物质最易自动燃烧。

2. 自发放热物质

没有另外的能量补给，接触空气自身放热的物质，称为自发放热物质。这种物质只有在大量（若干千克）长时间（若干小时或天）接触空气时才能燃烧。

三、遇水释放易燃气体的物质

《危险品规则》中 4.3 项危险品，是指遇水释放易燃气体的物质。这种物质与水反应自燃或产生足以构成危险体积的易燃气体。

有些物质与水接触可以释放易燃气体，这些气体与空气能够形成爆炸性的混合物。这种混合物很容易被所有平常的火源点燃，如无灯罩的灯、产生火花的手工工具或无防护的灯。

遇水释放易燃气体物质的包装等级，必须根据以下条件来确定。

包装等级 I 级——任何物质如果在环境温度下遇水起剧烈反应并且所产生的气体通常显示自燃的倾向，或在环境温度下遇水容易起反应，每分钟释放易燃气体的速度等于或大于 10L/kg，则必须划分为包装等级 I 级。

包装等级 II 级——任何物质如果在环境温度下遇水容易起反应，每小时释放易燃气体的最大速度等于或大于 20L/kg，并且不符合包装等级 I 级的标准，则必须划分为包装等级 II 级。

包装等级 III 级——任何物质如果在环境温度下遇水反应缓慢，每小时释放易燃气体的最大速度等于或大于 1L/kg，并且不符合包装等级 I 级或 II 级的标准，则必须划分为包装等级 III 级。

2015 年 "8·12" 天津滨海新区爆炸事故①

2015 年 8 月 12 日 23：30 左右，位于天津市滨海新区天津港的瑞海公司危险品仓库发生火灾爆炸事故，造成 165 人遇难、8 人失踪、798 人受伤，304 幢建筑物、12428 辆商品汽车、7533 个集装箱受损。截至 2015 年 12 月 10 日，依据《企业职工伤亡事故经济损失统计标准》等标准和规定统计，已核定的直接经济损失为 68.66

---

① 天津港 "8·12" 爆炸事故调查报告. http://blog.sina.cn/dpool/blog/s/blog_52f526870102whan.html？vt＝4.

亿元。经国务院调查组认定，天津港"8·12"瑞海公司危险品仓库火灾爆炸事故是一起特别重大的生产安全责任事故。

事故原因：

事故调查组通过调取天津海关 H2010 通关管理系统数据等，查明事发当日瑞海公司危险品仓库运抵区储存的危险货物包括第 2、3、4、5、6、8 类及无危险性分类数据的物质，共 72 种。对上述物质采用理化性质分析、实验验证、视频比对、现场物证分析等方法，逐类进行了筛查。其中第 4 类易燃固体、自燃物质、遇水释放易燃气体的物质 8 种，除硝化棉外，均不自燃或自热。经与事故现场监控视频比对，事故最初的燃烧火焰特征与硝化棉的燃烧火焰特征相吻合。同时查明，事发当天运抵区内共有硝化棉及硝基漆片 32.97 吨。因此，认定最初着火物质为硝化棉。集装箱内的硝化棉由于湿润剂散失出现局部干燥，在高温（天气）等因素的作用下加速分解放热，积热自燃，引起相邻集装箱内的硝化棉和其他危险化学品长时间大面积燃烧，导致堆放于运抵区的硝酸铵等危险化学品发生爆炸。

调查组认定，瑞海公司严重违反有关法律、法规，是造成事故发生的主体责任单位。该公司无视安全生产主体责任，严重违反天津市城市总体规划和滨海新区控制性详细规划，违法建设危险货物堆场，违法经营、违规储存危险货物，安全管理极其混乱，安全隐患长期存在。

第六节　氧化性物质和有机过氧化物

一、氧化性物质

《危险品规则》中 5.1 项氧化性物质是指本身未必可燃，但通常因放出氧可能引起或促使其他物质燃烧的物质。这类物质可能含在物品内。

二、有机过氧化物

《危险品规则》中 5.2 项有机过氧化物是指含有二价过氧基－O－O－的有机物，也可以将它看作一个或两个氢原子被有机原子团取代的过氧化氢的衍生物。

有机过氧化物遇热不稳定，它可以放热并因而加速自身的分解。此外，它们还可能具有下列一种或多种特性。

（1）易于爆炸性分解。

（2）速燃。

（3）对碰撞或摩擦敏感。

（4）与其他物质发生危险的反应。

（5）损伤眼睛。

有机过氧化物受热、与杂质（如酸、重金属化合物、胺类）接触、摩擦或碰撞易于放热分解。分解速度随温度升高而加快，并随有机过氧化物成分不同而不同。分解可能产生有害或易燃气体或蒸气。有些有机过氧化物在运输时必须控制温度。有些有机过氧化物可能引起爆炸性分解，特别是在封闭条件下。这一特性可通过添加稀释剂或使用适当的包装加以改变。许多有机过氧化物可猛烈燃烧。

应当避免眼睛与有机过氧化物接触。有些有机过氧化物即使短暂的接触也会对眼角膜造成严重的伤害，或者对皮肤造成腐蚀。

在运输过程中，含有机过氧化物的包装件或集装器必须避免阳光直射，远离各种热源，放置在通风良好的地方。

第七节　毒性物质和感染性物质

一、毒性物质

1. 毒性物质定义

《危险品规则》中 6.1 项毒性物质是指在吞食、吸入或与皮肤接触后，可能造成死亡或严重受伤或损害人类健康的物质。

2. 包装等级

包括农药在内的《危险品规则》中 6.1 项毒性物质，必须根据它们在运输中的毒性危险程度划入如下包装等级。

（1）包装等级 I 级——具有非常剧烈毒性危险的物质及制剂。

（2）包装等级 II 级——具有严重毒性危险的物质及制剂。

（3）包装等级 III 级——具有较低毒性危险的物质及制剂。

在确定包装等级时，必须考虑到人类意外中毒事故的经验及个别物质具有的特殊性质，例如，液态、高挥发性、任何特殊的渗透可能性和特殊生物效应。

在缺乏人类经验时，必须以动物试验所得的数据为根据来划定包装等级，以 3 种可能的实施方式进行试验，如口服摄入、皮肤接触和吸入粉尘、烟雾或蒸气。

表 3-5 和表 3-6 列出以口服、皮肤接触，以及吸入粉尘、烟雾和蒸气的方式确定分级的标准。

表 3-5 口服、皮肤接触及吸入粉尘/烟雾的毒性

包装等级 （Packing Groups）	口服毒性（Oral Toxicity） LD_{50}/（mg/kg）	皮肤接触毒性（Dermal Toxicity）LD_{50}/（mg/kg）	吸入粉尘/烟雾毒性（Inhalation Toxicity by Dusts and Mists）LC_{50}/（mg/L）
I	≤5.0	≤50	≤0.2
II	>5.0 且≤50	>50 且≤200	>0.2 且≤2
III*	>50 且≤300	>200 且≤1000	>2 且≤4
*催泪性气体物质即使毒性数据对应的包装等级是III级，也必须定为II级。			
注：（1）关于 LD_{50} 和 LC_{50} 的解释见毒性试验；			
（2）符合第 8 类标准并且吸入粉尘和烟雾毒性属于包装等级 I 级的物质，只有在口服摄入或皮肤接触毒性至少是包装等级 I 级或 II 级时，才被划入 6.1 项，否则酌情划入第 8 类			

（注：表 3-5 来自《危险品规则》表 3.6.A.。）

表 3-6 吸入蒸气的毒性

包装等级	吸入危害（Inhalation Hazard）
I	LC_{50}≤1000mL/m³ 并且 V≥10×LC_{50}
II	LC_{50}≤3000mL/m³ 并且 V≥LC_{50}，同时未达到包装等级 I 级标准
III	LC_{50}≤5000mL/m³ 并且 V≥0.2×LC_{50}，同时未达到包装等级 I 级或 II 级标准
注：（1）V 为在 20℃和标准大气压下，毒性物质在空气中的饱和蒸气浓度；	
（2）即使催泪性气体物质的毒性数据与包装等级III级相符，也必须定为II级	

（注：表 3-6 来自《危险品规则》表 3.6.B.。）

当一种物质通过两种或多种试验所对应的毒性程度不同时，必须以试验所对应的最大危险性为准。

3．毒性试验

1）口服毒性

急性口服毒性的 LD_{50} 值（半数致死剂量）是用统计方法得出的一种物质的单一剂量，该剂量可预期使口服该物质的年轻成年白鼠的 50%在 14 天内死亡。LD_{50} 值以试验物质的质量与试验动物的质量比值表示（mg/kg）。

2）皮肤接触毒性

急性皮肤接触毒性的 LD_{50} 值是使白兔的裸露皮肤持续接触 24 小时，最可能引起这些试验动物在 14 天内死亡一半的物质剂量。试验动物的数量必须够大以使结果具有统计意义，并且与良好的药理实践相一致。结果以 mg/kg 表示。

3）吸入毒性

急性吸入毒性的 LC_{50} 值是使雌/雄成年白鼠连续吸入一小时后，最可能引起这些试验动物在 14 天内死亡一半的蒸气、烟雾或粉尘的浓度。就粉尘和烟雾而言，试验结果以 mg/L 表示；就蒸气而言，试验结果以 mL/m³ 表示。

4．禁止运输的毒性物质

蒸气吸入毒性 I 级的液体毒性物质，禁止用客机或货机运输。

未申报的毒性物质导致人员中毒

1999 年 4 月 12 日，青岛至广州的航班在广州落地后，装卸工打开舱门卸货，闻到一股浓烈的刺鼻味，之后发现有一件货物破损并流出液体。

经调查，此货物为间氟苯酚，属于 6.1 项毒性物质，但托运时并未办理危险品申报手续。事故造成 17 名工作人员不同程度的中毒，最终对托运货物的代理人处以 10 万元的罚款。

二、感染性物质

1．感染性物质定义

在《危险品规则》中，6.2 项包括以下物质。

（1）感染性物质（Infectious Substances）：已知含有或有理由认为含有病原体的物质。病菌是指会使人类或动物感染疾病的微生物（包括细菌、病毒、立克次氏体、寄生虫、真菌）或其他媒介物，例如，朊毒体。

（2）生物制品（Biological Products）：从活生物体取得的、具有特别许可证发放要求的且按照国家的要求制造或销售的用于预防、治疗或诊断人类或动物的疾病，或用于与此类活动有关的开发、实验或调查目的的产品。生物制品包括但不限于成品或未完成品，例如，疫苗。

（3）培养物（Cultures）：在人为规定条件下培养繁殖得到的微生物群体。该定义不包括以下定义的病患标本。

（4）病患标本（Patient Specimens）：为了研究、诊断、调查活动和疾病治疗与预防等目的运输的直接从人或动物身上采集的人体或动物体物质，包括但不限于排泄物、分泌物、血液及其成分、组织和组织液拭子，以及肌体部分。

（5）医学或临床废弃物（Medical or Clinical Wastes）：对动物或人进行医疗或进行生物研究而产生的废物。

2．感染性物质的分级

感染性物质必须归类于《危险品规则》的 6.2 项，并视情况划入 UN2814，UN2900，UN3291，UN3373。感染性物质可以分成以下级别：

　　A 级：在运输中与之接触能对健康的人或动物造成永久性残疾、危及生命或致命疾病的感染性物质。符合这些标准的感染性物质使人染病或使人和动物都染病的必须划入 UN2814。仅使动物染病的必须划入 UN2900。

　　B 级：不符合 A 级标准的感染性物质。B 级中的感染性物质必须划入 UN3373，UN3373 的运输专用名称是"生物物质 B 级"。

常见的第 4 类至第 6 类危险品见表 3-7。

表 3-7　常见的第 4 类至第 6 类危险品[①]

类/项		常见危险品
第 4 类　易燃固体，自燃物质，遇水释放易燃气体的物质	4.1 易燃固体	安全火柴、硫黄、赛璐珞、硝基萘等
	4.2 易于自燃的物质	白磷/黄磷、二氨基镁等
	4.3 遇水释放易燃气体的物质	碳化钙（电石）、碳化镁、金属钠等
第 5 类　氧化性物质和有机过氧化物	5.1 氧化性物质	硝酸铵肥料、氯酸钙、漂白粉、高锰酸钾、双氧水等
	5.2 有机过氧化物	叔丁基过氧化氢、过氧乙酸等
第 6 类　毒性物质和感染性物质	6.1 毒性物质	砒霜、尼古丁、氰化钾、农药等
	6.2 感染性物质	病毒、病菌（例如，HIV、AIDS、狂犬病毒、诊断标本和医疗或临床废弃物）

第八节　放射性物品

一、定义

　　放射性物品是指含有放射性核素的任何物质，物质的活度浓度和托运货物总活度均超过豁免物质的活度浓度限值和豁免货物的活度限值。以下情况不属于放射性危险品。

　　（1）因诊断或治疗目的而植入或装入人体或活的动物体内的放射性物品。

　　（2）接触放射性物质或摄入污染并准备运输去医疗救护的人在其身体内或外有放射性物质，应考虑对其他乘客和机组人员采取必要的放射防护措施，并须经营人批准。

　　（3）已获得国家相关主管部门批准并已出售给最终用户的消费品中的放射性物品。

　　（4）含有天然放射性核素的天然物质和矿石（可能已经被加工），但其放射性活度浓度不应超过 DGR 规定的数值。

---

　① 白燕. 民航危险品运输基础知识[M]. 北京：中国民航出版社，2010：19－20.

（5）表面上有放射性物品的非放射性固体物质，但任一表面的数量未超过 DGR 污染定义中规定的限量。

二、基本概念

（1）活度（Activity）：度量放射性同位素强弱程度的物理量称为放射性物质的活度，是指每秒钟原子蜕变的平均次数。单位为贝克勒尔（Bq）或居里（Ci）。

（2）剂量当量（Dose-Equivalent）：放射性原子在衰变和蜕变过程中，电子轨道转移后所释放出的能量。常用剂量当量来衡量人体被射线辐射的程度。单位为希沃特（Sv）或雷姆（rem）。

（3）剂量当量率（Dose-Equivalent Rate）：单位时间的剂量当量，自辐射源或包装件外一定距离测量。单位：希沃特/小时（Sv/h）。

（4）辐射水平（Radiation Level）：以毫希沃特/小时（mSv/h）为单位的相应的剂量当量率，又称辐射水平。

（5）运输指数（Transport Index）：距离放射性货包或货物外表面 1 米处最大辐射水平的数值。

（6）表面辐射水平（Maximum Radiation Level）：距离放射性货包或货物外表面 5 厘米处的最大辐射水平。

（7）临界安全指数（Criticality Safety Index，CSI）：指定给含有裂变物质（豁免的裂变物质除外）的包装件、合成包装件或放射性专用货箱的数字，用于控制含有裂变物质的包装件、合成包装件或放射性专用货箱的累计数量。

三、分类

放射性物品根据其形态和（或）特性可分为以下几类。

（1）特殊形式（Special Form）放射性物品：非弥散性固体放射性物品或内装有放射性物品的密封容器，该容器只有被破坏才能被打开。

（2）低比活度（Low Specific Activity，LSA）物质：因其本身性质而比活度有限的放射性物品，或可适用估算的平均比活度限值的放射性物品。

（3）表面污染物体（Surface Contaminated Object，SCO）：本身没有放射性，但其表面分散着放射性物品的固态物体。

（4）裂变物质（Fissile Material）：包含下述任意核素的物质：铀—233、铀—235、钚—239、钚—241 或它们的任意组合。

（5）低弥散物质（Low Dispersible Material）：弥散度有限的非粉末状固体放射性物品或封入密封容器中的固体放射性物品。

（6）其他形式（Other Form）放射性物品：不符合特殊形式定义的放射性物品。

一种放射性物品可能符合上述一个或多个定义。

四、包装类型

放射性物品的包装类型如下：

（1）例外包装件。

（2）1型工业包装件（IP－1型包装件）。

（3）2型工业包装件（IP－2型包装件）。

（4）3型工业包装件（IP－3型包装件）。

（5）A型包装件。

（6）B（U）和B（M）型包装件。

（7）C型包装件。

五、包装级别的确定

运输指数是指距离包装件、OVERPACK或放射性专用货箱外表面1米处的最高辐射水平，用于控制辐射暴露，也可用于确定标签的级别，确定是否需要进行转载运输，确定中转储存的空间间隔要求，以及确定放射性专用货箱内或航空器内允许装的包装件数量。

如果该辐射水平以毫希沃特/小时（mSv/h）为单位表示，测定出的值必须乘以100；如果是以毫雷姆/小时（mrem/h）为单位表示，则测定值不变。

若测得的运输指数不大于0.05，可视为0。

运输指数保留一位小数，并且始终进位，比如：1.13进位后为1.2。

包装件、OVERPACK（第二层包装）或放射性专用货箱（例外包装件除外）都必须根据表3-8划分为Ⅰ级——白色、Ⅱ级——黄色或Ⅲ级——黄色。每个级别都有具体的标签。

表3-8 包装件、OVERPACK（第二层包装）或放射性专用货箱级别的确定

运输指数	外表面任一点的最大辐射水平	级别
0*	不大于0.005mSv/h（0.5mrem/h）	Ⅰ级——白色
大于0且不大于1*	大于0.005mSv/h（0.5mrem/h）且不大于0.5mSv/h（50mrem/h）	Ⅱ级——黄色
大于1且不大于10	大于0.5mSv/h（50mrem/h）且不大于2mSv/h（200mrem/h）	Ⅲ级——黄色
大于10	大于2mSv/h（200mrem/h）且不大于10 mSv/h（1000mrem/h）	Ⅲ级——黄色**
注：* 若测得的运输指数不大于0.05，可视为0；		
**必须专载运输并进行特殊安排（放射性专用货箱除外）		

（表3-8来自《危险品规则》表10.5.C。）

六、存储和装载限制

放射性物品必须与工作人员和公众保持足够的距离，工作人员经常工作区域的剂量每年不超过 5mSv，公众经常进入区域的剂量每年不超过 1mSv。

除经特殊安排外，不得空运表面辐射水平超过 2mSv/h 的放射性物品包装件或 OVERPACK。

B（M）型包装件和专载运输货物不得用客机装运。

不得空运带通气孔的 B（M）型包装件、需要用辅助制冷系统进行外部冷却的包装件、运输中需要进行操作控制的包装件，以及内含发火材料的包装件。

第九节　腐蚀性物质

一、定义

腐蚀性物质是指，由于化学作用而能够严重损害与之接触的生物组织或在渗漏时会严重损害甚至毁坏其他货物或运输工具的物质。

二、包装等级

腐蚀性物质划分包装等级一般根据经验进行且同时考虑另外一些因素（如吸入危险和遇水的危险性，包括形成危险的分解物）做出。新物质的包装等级可根据引起人类皮肤全厚度毁损所需的接触时间划定。被判定不引起人类皮肤全厚度毁损的液体或在运输过程中可能变为液体的固体仍须考虑它们对某些金属表面造成腐蚀的可能性。

1．包装等级Ⅰ级

使完好皮肤组织在接触 3 分钟或少于 3 分钟之后开始的最多 60 分钟观察期内造成全厚度毁损的物质。

2．包装等级Ⅱ级

使完好皮肤组织在接触超过 3 分钟但不超过 60 分钟之后开始的最多 14 天观察期内造成全厚度毁损的物质。

3．包装等级Ⅲ级

使完好皮肤组织在暴露超过 60 分钟但不超过 4 小时之后开始的最多 14 天观察期内造成全厚度毁损的物质；或者被判定不引起完好皮肤组织全厚度毁损，但在 55℃的试验温度下对钢或铝表面的腐蚀率超过 6.25mm 的物质。

表 3-9　依据腐蚀性划分第 8 类包装等级

包装等级	暴露时间	观察时间	效果
I	≤3 分钟	≤60 分钟	完整皮肤全部坏死
II	>3 分钟且≤60 分钟	≤14 天	完整皮肤全部坏死
III	>60 分钟且≤4 小时	≤14 天	完整皮肤全部坏死
III	—	—	每年腐蚀厚度大于 6.25mm，试验温度为 55℃

（注：表 3-9 来自《危险品规则》表 3.8.A。）

案　例

波士顿空难

1973 年，一架从纽约起飞的货机空中起火，在波士顿机场迫降时飞机坠毁，机组人员全部遇难。

事故原因：货舱中的货物有未如实申报的危险品硝酸，而货运单上的货物品名却是"电器"。160 个木箱，每箱内有一个装有 5 升硝酸的玻璃瓶。

调查结果：托运人签署了一份空白"托运人危险品申报单"给货运代理，货运代理将货物交给包装公司进行空运打包。包装公司并不了解硝酸的包装要求，将装有 5 升硝酸的玻璃瓶放入一个用锯末做吸附和填充材料的木箱中。这样的包装共有 160 个，操作时一些工人在包装外粘贴了方向性标签，另一些工人则没有贴。货物在托运时，货运单上的品名被改成了电器，危险品文件在操作过程中也丢失了。这 160 个木箱在装入集装器时，粘贴了方向性标签的木箱是按照向上方向码放的，而未粘贴方向性标签的木箱被倾倒了。

事后用硝酸与木屑接触做试验，证明硝酸与木屑接触后会起火，8 分钟后冒烟，16 分钟后木箱被烧穿，22 分钟后爆燃，32 分钟后变为灰烬。到达巡航高度时，因瓶子的内外压差，造成瓶帽松弛，硝酸流出与木屑接触后随即起火。实际起火的木箱可能不超过 2 个，但却导致了整架飞机的坠毁。

第十节　杂项危险物质和物品

《危险品规则》中第 9 类危险品是指在空运过程中存在不属于其他类别危险性的危险物质和物品，包括但不限于下列物品和物质。

（1）航空限制的固体或液体：具有麻醉性、有害性、刺激性或其他性质，一旦在航空器上溢出或泄漏能引起机组人员极度烦躁或不适以致不能正常履行职责的任何

物质。

（2）磁性物质：为航空运输而包装好的任何物质，如距离组装好的包装件外表面任一点 2.1m 处的最大磁场强度使罗盘偏转大于 2°的即为磁性物质。

（3）高温物质：运输温度等于或高于 100℃的液态物质或温度等于或高于 240℃的固态物质。

（4）环境（水环境）危害物质：符合联合国《危险品运输建议书——规章范本》①的 2.9.3 中标准的物质，或满足货物运送的始发国或目的地国的主管部门制定的国家或国际条例中的标准的物质。

（5）转基因微生物（GMMOs）和转基因生物（GMOs）：转基因微生物和转基因生物是通过遗传工程以非自然方式有意将遗传物质改变的微生物和生物。

不符合感染性物质或毒性物质定义的转基因微生物或生物，必须划为 UN3245。

转基因微生物或生物如得到始发国、中转国和目的地国的使用批准，则不受危险品规则的限制。

转基因活动物必须按照始发国和目的国有关主管部门的条件和限制进行运输。

（6）锂电池：含有任何形式锂元素的电池芯和电池、安装在设备中的电池芯和电池或与设备包装在一起的电池芯和电池，必须恰当地划入 UN3090，UN3091，UN3480，UN3481 条目。

（7）吸入细粉尘危害健康的物质，如石棉、角闪石（铁石棉、透闪石、阳起石、直闪石、青石棉）、温石棉等。

（8）电容器。

（9）产生易燃蒸气的物质，如塑料造型化合物等。

（10）救生设备，如自动膨胀式救生设备、安全设备等。

（11）发生火灾时可能产生二噁英的物质和物品，如液态或固态多氯联苯类等。

（12）在运输中出现危险但不符合其他类别定义的物质或物品，如蓖麻籽、以易燃气体或易燃液体为燃料的车辆、以电池为动力的设备或车辆、化学物品箱或急救箱、熏蒸货物运输装置、仪器或机器中的危险品、内燃发动机或内燃机器、日用消费品等。

旅客携带锂电池乘机的规定②

根据中华人民共和国民用航空行业标准《锂电池航空运输规范》（MH/T1020—2013）和《旅客和机组关于携带危险品的航空运输规范》（MH/T1030—2010）等相

---

① 《危险品运输建议书——规章范本》(Recommendations on the Transport of Dangerous Goods)

② www.caac.gov.cn.

关法规文件，旅客携带锂离子电池乘坐民用航空器请注意如下事项。

1. 携带的锂离子电池额定能量不允许超过 160Wh，超过 160Wh 的应通过危险货物手续进行运输。

2. 内含锂离子电池的设备（如手提电脑、照相机、便携式摄像机等），应按如下规则携带运输：

（1）可放置在托运行李及随身行李中携带；

（2）应有防止意外启动的措施；

（3）锂离子电池额定能量不应超过 100Wh；

（4）额定能量在 100Wh（不含）至 160Wh（含）的安装在设备中的锂离子电池，应经运营人（航空公司）批准。

3. 备用锂离子电池，应按如下规则携带运输：

（1）只可放置在随身行李中携带；

（2）应单个做好保护以防短路，可将备用电池放置于原厂零售包装中或对电极进行绝缘处理——例如，将暴露的电极用胶布粘住、将电池单独装在塑料袋或保护袋中；

（3）单个锂离子电池额定能量不应超过 100Wh；

（4）经运营人（航空公司）批准，可携带额定能量在 100Wh（不含）至 160Wh（含）的备用锂离子电池，但不能超过 2 块。

常见的第 7 类至第 9 类危险品见表 3-10。

表 3-10 常见的第 7 类至第 9 类危险品[①]

类/项		常见危险品
第 7 类	放射性物质	医疗或工业用放射性核素或放射性同位素，如钴—60、铯—131、碘—132 等
第 8 类	腐蚀性物质	电池电解液、硫酸、氢氧化钠、氢氧化钾、汞、金属镓等
第 9 类	杂项危险品	航空限制的固体或液体、磁性物质、高温物质、锂电池、其他杂项物质及物品等，如大蒜油、磁铁、干冰、石棉、内燃机等

第十一节 具有多重危险性的物品和物质

如果某物品或物质在危险品表中未列出具体名称，并且具有双重危险性，其主要危险性必须按照下列标准确定。

1. 危险性主次顺序表

---

① 白燕. 民航危险品运输基础知识[M]. 北京：中国民航出版社，2010：19—20.

当两种危险性同时出现在《危险品规则》中第 3 类、第 4 类、第 8 类或 5.1 项、6.1 项内时，必须使用表 3-11 来确定两种危险性中的一种作为主要危险性。表中纵横两行交叉处的类、项是主要危险性，其他类、项是次要危险性。在纵横交叉处同时列出了该物品正确的包装等级。

在不同危险性所对应的包装等级中，必须选取最严格的包装等级来作为该危险品的包装等级。应选定的包装等级在行列交叉处表示主要危险性的类、项编号旁边标明。

根据表 3-11 分类的物品或物质，必须选用 DGR 中"类属和 n.o.s 运输专用名称表"中主要危险性所属类、项对应的最贴切的 n.o.s 名称条目作为运输专用名称。

2．例外

具有多重危险性的物品或物质，如果其中一种危险性符合下列各类、项或特定危险类型的标准，则这些类、项及特定危险类型永远作为主要危险性，因此它们不在表 3-11 中列出。

（1）《危险品规则》中第 1 类、第 2 类和第 7 类[例外见（3）]。

（2）《危险品规则》中 5.2 项和 6.2 项[见下面（5）]。

（3）《危险品规则》中 4.1 项的自反应物质及其相关的物质、减敏的固态爆炸品。

（4）《危险品规则》中 4.2 项的发火物质。

（5）吸入毒性达到包装等级Ⅰ级的《危险品规则》中 6.1 项物质，符合《危险品规则》中第 8 类标准其粉尘或烟雾/蒸气吸入毒性（LC_{50}）达到包装等级Ⅰ级标准，但口服或皮肤接触毒性仅为Ⅲ级或未达到包装等级Ⅲ级范围的物质或制剂除外。这类物质或制剂必须归入《危险品规则》中第 8 类。

（6）《危险品规则》中第 3 类中减敏的液态爆炸品。

3．放射性物品

放射性物品具有其他危险性的，必须始终将《危险品规则》中第 7 类作为主要危险性，同时必须确定次要危险性。对于放射性物品例外包装件，则其他危险性作为主要危险性。放射性物品例外包装件（除 UN3507、六氟化铀、放射性物品、例外包装件外）应符合《危险品规则》中特殊规定 A130。还有必要考虑这种放射性物品与空气或水反应生成其他危险性产物的可能性。

4．磁性物质

符合磁性物质标准同时也具有其他危险性的物品，除了作为磁性物质以外，还必须根据本节的规定进行识别。

5．感染性物质

具有其他危险性的感染性物质必须始终归类为《危险品规则》中 6.2 项，并且还应识别它的最大的其他危险性。

表3-11　《危险品规则》中第3类、第4类、第8类、5.1项、6.1项危险性和包装等级主次顺序表

类或项	包装等级	4.2 II	4.2 III	4.3 I	4.3 II	4.3 III	5.1 I	5.1 II	5.1 III	6.1(d) I	6.1(o) I	6.1 II	6.1 III	8(l) I	8(s) I	8(l) II	8(s) II	8(l) III	8(s) III
3	I*			4.3,I	4.3,I	4.3,I	-	-	-	3,I	3,I	3,I	3,I	3,I	-	3,I	-	3,I	-
3	II*			4.3,I	4.3,II	4.3,II	-	-	-	3,I	3,I	3,II	3,II	8,I	-	3,II	-	3,II	-
3	III*			4.3,I	4.3,II	4.3,II	-	-	-	6.1,I	6.1,I	6.1,II	3,III**	8,I	-	8,II	-	3,III	-
4.1	II*	4.2,II	4.2,II	4.3,I	4.3,II	4.3,III	5.1,I	4.1,II	4.1,II	6.1,I	6.1,I	4.1,II	4.1,II	8,I	8,I	4.1,II	4.1,II	4.1,II	4.1,II
4.1	III*	4.2,II	4.2,III	4.3,I	4.3,II	4.3,III	5.1,I	4.1,II	4.1,III	6.1,I	6.1,I	6.1,II	4.1,III	8,I	8,I	8,II	8,II	4.1,III	4.1,III
4.2	II			4.3,I	4.3,II	4.3,II	5.1,I	4.2,II	4.2,II	6.1,I	6.1,I	4.2,II	4.2,II	8,I	8,I	4.2,II	4.2,II	4.2,II	4.2,II
4.2	III			4.3,I	4.3,II	4.3,III	5.1,I	4.2,II	4.2,III	6.1,I	6.1,I	6.1,II	4.2,III	8,I	8,I	8,II	8,II	4.2,III	4.2,III
4.3	I						4.3,I	4.3,I	4.3,I	6.1,I	4.3,I	4.3,I	4.3,I	4.3,I	4.3,I	4.3,I	4.3,I	4.3,I	4.3,I
4.3	II						4.3,I	4.3,II	4.3,II	6.1,I	6.1,I	4.3,II	4.3,II	8,I	8,I	4.3,II	4.3,II	4.3,II	4.3,II
4.3	III						4.3,I	4.3,II	4.3,III	6.1,I	6.1,I	6.1,II	4.3,III	8,I	8,I	8,II	8,II	4.3,III	4.3,III
5.1	I									5.1,I	5.1,I	5.1,I	5.1,I	5.1,I	5.1,I	5.1,I	5.1,I	5.1,I	5.1,I
5.1	II									6.1,I	6.1,I	5.1,II	5.1,II	8,I	8,I	5.1,II	5.1,II	5.1,II	5.1,II
5.1	III									6.1,I	6.1,I	6.1,II	5.1,III	8,I	8,I	8,II	8,II	5.1,III	5.1,III
6.1 (d)	I													6.1,I	6.1,I	6.1,I	6.1,I	6.1,I	6.1,I
6.1(o)	I													8,I	8,I	6.1,I	6.1,I	6.1,I	6.1,I
6.1(i)	II													6.1,I	6.1,I	6.1,I	6.1,I	6.1,I	6.1,I
6.1(d)	II													8,I	8,I	6.1,II	6.1,II	6.1,II	6.1,II
6.1(o)	II													8,I	8,I	8,II	8,II	6.1,II	6.1,II
6.1	III													8,I	8,I	8,II	8,II	8,III	8,III

注：(l)=液体
(s)=固体
(i)=吸入
(d)=皮肤接触
(o)=口服
- =不可能的组合
* 自反应物质和减敏的固态爆炸品以外的4.1项物质，以及减敏的液态爆炸品以外的第3类物质。
** 对于农药，主要危险性必须是6.1项。
本表依据联合国的危险性主次顺序表制成

本 章 小 结

　　本章主要介绍了《危险品规则》中第1至第9类危险品各类/项名称、定义、范围、特征、危险性、空运相关规定和限制、包装等级划分标准，以及具有多重危险性的物品和物质。危险品的分类是危险品运输知识中最基本、最重要的内容，因此必须熟记九大类危险品的类/项名称，掌握各类/项危险品的特性和危险性，能够准确划分部分危险品的包装等级，准确判断具有多重危险性危险品的主要危险性和包装等级，并了解常见、常运的各类/项危险品。

自 我 检 测

1. 危险品是根据什么分类的？共分为哪几类/项？
2. 客机可以承运哪一项爆炸品？货机可以运输的爆炸品有哪些？
3. 常见或常运的各类/项危险品有哪些？每类/项至少列出2种物品或物质。
4. 气体的危险性主要表现在哪几方面？第5类危险品的危险性有哪些？
5. 感染性物质具体包括哪几种物质？哪些感染性物质必须划入UN3373？
6. 放射性物品根据其形态和特性分为哪几类？什么是运输指数？
7. 根据以下特性描述及试验数据，确定物品或物质的包装等级。

特性描述	类/项	包装等级
液体，闪点22℃，初始沸点36℃		
液体，闪点50℃，初始沸点35℃		
液体，闪点61℃，初始沸点75℃		
固体，口服毒性LD_{50}为40mg/kg		
固体，口服毒性LD_{50}为37mg/kg，皮肤接触毒性LD_{50}为500mg/kg，吸入毒性LC_{50}为0.2mg/L		
固体，与水接触后每小时释放出易燃气体的速度为15L/kg		
固体，与皮肤接触时间40分钟，观察时间2小时，皮肤出现深度坏死		
某物品，TI＝3，外表面最大辐射水平为1mSv/h		
某物品，TI＝0.04，外表面最大辐射水平为0.2mSv/h		

8. 某物质既属于《危险品规则》中5.1项（Ⅲ级包装），又属于第8类（液态，Ⅱ级包装），请问其主要危险性及包装等级分别是什么？

9. 某物质，口服毒性LD_{50}为30mg/kg，闭杯闪点35℃，初始沸点67℃，请问该物质的主、次要危险性及包装等级分别是什么？

10. 单选题：

（1）第 1 类爆炸品共分为多少项？（　　　）

　　A．3　　　　　　　B．4　　　　　　　C．5　　　　　　　D．6

（2）气溶胶属于第几类危险品？（　　　）

　　A．1　　　　　　　B．2　　　　　　　C．3　　　　　　　D．9

（3）锂电池属于第几类危险品？（　　　）

　　A．1　　　　　　　B．2　　　　　　　C．3　　　　　　　D．9

（4）以下哪项属于第 8 类危险品？（　　　）

　　A．油漆　　　　　B．救生器材　　　C．砒霜　　　　　　D．硫酸

（5）毒性物质的毒性试验不包括以下哪项？（　　　）

　　A．口服毒性　　　B．皮肤接触毒性　C．感染毒性　　　D．吸入毒性

（6）以下哪项属于 2.1 项危险品？（　　　）

　　A．氢气　　　　　B．体育运动用弹药

　　C．干冰　　　　　D．放射性核素

（7）以下哪项属于第 3 类危险品？（　　　）

　　A．油漆　　　　　B．救生器材　　　C．不纯的砷　　　D．硫酸

（8）以下哪项属于第 6 类危险品？（　　　）

　　A．弹药　　　　　B．石棉　　　　　C．医疗废弃物　　D．硝酸

（9）以下哪项属于第 9 类危险品？（　　　）

　　A．弹药　　　　　B．内燃发动机　　C．不纯的砷　　　D．硝酸

（10）旅客乘机时最多可以随身携带 3 个充电宝。该说法正确吗？（　　　）

　　A．正确　　　　　B．错误

第四章 民航危险品的识别

引 言

　　托运人在托运危险品时，必须保证托运的危险品能够被准确地分类、识别、包装、标记等，只有正确地分类、识别，才能确保危险品的包装、包装上的标记与标签正确，才能正确地填制危险品运输需要的相关文件。那么如何识别危险品呢？危险品的定义及各类物品的主要特性是判定某些物品是否属于危险品的基础。但在实际运输工作中，仅凭定义来确认不仅费时费力，而且容易引起承运方、托运方的歧义，给运输工作带来不便。同时，各种运输方式都有其特殊性，某种货物对一种运输方式可能是危险的，而对其他运输方式则可能是无害的，例如，属于第 9 类杂项危险品的磁性物质，对航空运输是危险的，而对铁路、公路运输则不构成威胁。所以，各种运输方式的主管部门均根据自身系统的具体情况，采取列举原则，颁布了相应的《危险品规则》，并列出常见的"危险品品名表"。

　　本章我们将学习以下知识。

　　（1）危险品品名表的构成和使用。

　　（2）危险品运输专用名称。

第一节　危险品品名表的构成和使用

一、危险品品名表的构成

　　"危险品品名表"列在 IATA 颁布的《危险品规则》中蓝页部分，它按照英文字母顺序排列，全表由 14 栏构成，包括 UN/ID 编号、运输专用名称、类别或项别、次要危险性、危险性标签、包装等级、限量运输、客机非限量运输、仅限货机运输、特殊规定、应急代码等，详细内容见表 4-1。

表 4-1 危险品品名表

UN/ID 编号	运输专用名称	类别或项别	次要危险性	危险性标签	PG	客机和货机 限量 包装细则	客机和货机 限量 每个包装件最大净数量	包装细则	每个包装件最大净数量	仅限货机 包装细则	仅限货机 每个包装件最大净数量	特殊规定	应急代码
A	B	C	D	E	F	G	H	I	J	K	L	M	N
1088	Acetal	3		Flamm. liquid	II	Y305	1L	305	5L	307	60L		3H
1089	Acetaldehyde	3		Flamm. liquid	I	---	---	Forbidden		304	30L	A1	3H
1841	Acetaldehyde ammonia	9		Miscellaneous	III	---	---	906	200kg	906	200kg	A48	9L
2789	Acetic acid, glacial	8	3	Corrosive & Flamm. liquid	II	Y809	0.5L	809	1L	813	30L		8F
2790	Acetic acid solution More than 10% but less than 50% acid, by weight	8		Corrosive	III	Y818	1L	818	5L	820	60L		8L
2789	Acetic acid solution More than 80% acid, by weight	8	3	Corrosive & Flamm. liquid	II	Y809	0.5L	809	1L	813	30L		8F
2790	Acetic acid solution Not less than 50% but not more than 80% acid, by weight	8		Corrosive	II	Y809	0.5L	809	1L	813	30L		8L
1715	Acetic anhydride Acetic oxide,see Acetic anhydride(UN1715) Acetion,see Acetyl methyl carbinol(UN2621)	8	3	Corrosive & Flamm. liquid	II	Y809	0.5L	809	1L	813	30L		8F
1090	Acetone	3		Flamm. liquid	II	Y305	1L	305	5L	307	60L		3H
1541	Acetone cyanohydrin,stabilized	6.1				-	-	Forbidden		Forbidden		A2	6L
1091	Acetone oils	3		Flamm. liquid	II	Y305	1L	305	5L	307	60L		3L
1648	Acetonitrile	3		Flamm. liquid	II	Y305	1L	305	5L	307	60L		3L
1716	Acetyl bromide	8		Corrosive	II	Y808	0.5L	808	1L	812	30L		8L
1717	Acetyl chloride Acetyl cyclohexane sulphonyl peroxide,more than 82%,wetted with less than 12% water Acetylene dichlorride,see 1,2-Dichioriethylene(UN1150)	3	8	Corrosive & Flamm.liquid	II	Y306	1L / 0.5L / -	306 / Forbidden	1L	308	5L		3C
1202	Gas oil	3		Flamm. liquid	III	Y309	10L	309	60L	310	220L	A3	3L

（注：表 4-1 来自《危险品规则》表 4.2。）

1．A 栏：UN/ID 编号（UN or ID No.）

本栏列出了物品或物质按联合国分类系统指定的编号。当使用这种编号时，前面

应加上"UN"字样。如果物质没有指定的 UN 编号，则应由国际航空运输协会指定一个暂时的 IATA 编号，从"8000"开始，前面加"ID"字样，例如，编号 UN1088 或 ID8000，而不可用 1088 或 8000。

2．B 栏：运输专用名称（Proper Shipping Name/Description）

本栏按照英文字母的排列顺序列出了危险品或物质的运输专用名称和说明其性质的有关文字。运输专用名称用粗体字（黑色）表示；说明文字用浅体字表示，不属于运输专用名称组成部分。说明文字通常有以下几点作用：

（1）信息导入，如"Acetic oxide，see **Acetic anhydride**（UN1715）"——"氧化乙酰，见乙酸酐"。

（2）表示该物品任何情况下都禁止空运，如"Acrolein, unstabilized"——"丙烯醛，不稳定的"。

（3）表示该物品空运时不受限制，如"Batteries, dry"——"干电池"。

本栏中还会出现一些符号，符号含义如下。

（1）★——要求在运输专用名称后加技术名称。

（2）╋——在 DGR 的附录中还有补充说明。

"★"和"╋"不属于运输专用名称的组成部分。

3．C 栏：类别或项别（Class or Division）

本栏列出物品或物质按照第 3 章分类标准划分的类别或项别，对于第 1 类爆炸品，还需显示其配装组。

4．D 栏：次要危险性（Subsidiary Risk）

本栏列出物质所具有的任何重要的次要危险性的分类/项编号。所有的次要危险性均严格按照分类的数字顺序排序。

5．E 栏：危险性标签（Labels）

本栏列出所装危险品每个包装件或合成包装件上应使用的危险性标签。主要危险性标签列于次要危险性标签之前。当外包装无须使用危险性标签时，本栏为空。

6．F 栏：包装等级（Packing Groups）

本栏列出按联合国包装分类系统分配给某一危险品的包装等级。共分三级：Ⅰ级包装、Ⅱ级包装、Ⅲ级包装。

7．G 栏：客货机限制数量——包装说明编号（Passenger and Cargo Aircraft—LTD QTY）

本栏列出危险品用客货机限量运输时包装说明编号，这些编号由一个字母"Y"加 3 位数字组成。包装说明编号表示的具体含义可参见第 5 章相关内容。

8．H栏：客货机限制数量——每个包装件的最大净数量（Max Net Qty/Pkg）

本栏列出物品或物质在客机或货机上限制数量运输时，每个包装件内允许盛装的最大净数量（重量或容积）。

9．I栏：客货机——包装说明编号（Pkg Inst）

本栏列出物品或物质在客机或货机运输时应参照的包装说明编号。

10．J栏：客货机——每个包装件的最大净数量（Max Net Qty/Pkg）

本栏列出物品或物质在客机或货机上运输时每个包装件内允许盛装的最大净数量（重量或容积）。

11．K栏：仅限货机——包装说明编号（Pkg Inst）

本栏列出物品或物质只能在货机上运输时应参照的包装说明编号。

12．L栏：仅限货机——每个包装件的最大净数量（Max Net Qty/Pkg）

本栏列出物品或物质只能在货机上运输时每个包装件内允许盛装的最大净数量（重量或容积）。

13．M栏：特殊规定（S.P. see 4.4）

本栏列出危险品表中某些带有字母"A"及1位、2位或3位阿拉伯数字组成的符号，表示适用于该物品的特殊规定。这些特殊规定可能是允许在某些具体条件下取得政府批准即可运输某些禁运物品的规定，如A1、A2；也可能是对运输某危险品的附加要求，如A22；以及详细说明某物品可被视为非危险货物运输的条件，如A9。

14．N栏：ERG码（ERG Code）

本栏列出应急代码，代码由字母和数字混合组成，如"3H"，代表对所涉及的特定危险品条目事故的建议反应措施。在国际民航组织文件《涉及危险品航空器事故征候应急响应指南》（ICAO Doc.9481－AN/928）中查询。

对于运输专用名称已列入危险品品名表中的物质，可以通过 UN 编号或运输专用名称查询该物质，如 UN1080，运输专用名称为 Acetal，同时还会存在同一个 UN 编号对应不同的运输专用名称的情况，如 UN2789，运输专用名称为 Acetic Acid, glacial 或 Acetic Acid Solution。

二、危险品品名表的使用

危险品品名表按照运输专用名称的英文字母顺序排列，查阅危险品品名表，可以确定运输专用名称、UN/ID 编号、类/项、有无次要危险性、所需标签、包装等级、可否作为例外数量、包装说明编号、有无特殊要求，以及该危险品的应急措施等。

危险品品名表中的条目受国家和（或）经营人差异的限制，必须经常查阅。

自 我 检 测

1．查找下列物质所对应的 UN 或 ID 编号。

（1）Acetone 丙酮   UN 编号：＿＿＿＿＿＿

（2）Battery fluid, acid 酸性电解液   UN 编号：＿＿＿＿＿＿

（3）Cresol, liquid 液态甲（苯）酚类   UN 编号：＿＿＿＿＿＿

（4）Oxidizing liquid, n.o.s. ★ 氧化性液体，n.o.s   UN 编号：＿＿＿＿＿＿

2．查找下列物质所对应的运输专用名称。

（1）UN2224   运输专用名称：＿＿＿＿＿＿

（2）UN1120   运输专用名称：＿＿＿＿＿＿

（3）UN0014   运输专用名称：＿＿＿＿＿＿

3．在危险品品名表的 J 栏，若出现字母 G，表示含义是什么？

4．根据危险品品名表，查阅危险品 UN1202，回答下列问题：

（1）运输专用名称；

（2）包装等级；

（3）包装件表面需粘贴的标签；

（4）用客机和货机装载时，每个包装件的最大净数量；

（5）应急代码。

第二节 危险品运输专用名称

运输专用名称是指在危险品运输过程中，在所有运输文件和通告中，包装件表面使用的用于识别危险品或物质的名称。运输专用名称在危险品品名表中用粗体字表示。

一、危险品品名表条目使用顺序

危险品品名表中的条目有以下 4 种，优先使用顺序如下。

（1）单一条目，具有明确定义的物质或物品，比如：UN1223 Kerosene 煤油。

（2）类属条目，具有明确定义的一组物质或物品，比如：

UN1263   Paint Related Material（Including Paint Thinning or Reducing Compounds）

涂料的相关材料（包括涂料稀释剂或冲淡剂）。

（3）特定的n.o.s（泛指）条目，包括一组具有某一特定化学或技术性质的物品，比如：

UN1078　Refrigerant gas, n.o.s★　制冷气体，n.o.s★。

（4）一般的n.o.s（泛指）条目，包括符合一种或多种类别或项的一组物质或物品，比如：

UN1993　Flammable liquid，n.o.s★　易燃液体，n.o.s★。

二、《危险品规则》中4.1项及5.2项运输专用名称

《危险品规则》中4.1项的自反应物质必须按照联合国建议书2.4.2.3.3的分类原则列入《危险品规则》附录C.1的类属条目之一。《危险品规则》中5.2项的有机过氧化物必须按照联合国建议书2.5.3.3的分类原则列入《危险品规则》附录C.2的类属条目之一。

三、危险品运输专用名称的选择

1．名称已列入危险品品名表的条目

如果已知危险品名称可直接查阅危险品品名表；如果已知UN/ID编号，可通过编号对照表查找危险品品名表。

2．名称未列入危险品品名表的条目

当一种物品或物质名称未被列入品名表中时，托运人必须：

（1）根据禁运的危险品的描述和分类标准确定该物品或物质不是禁运的。

（2）如果该条目不是禁运的，对照它的性质及分类标准进行分类；如果该条目有一种以上的危险性，必须按照3.10A表确定其主要危险性。

（3）使用能最准确描述物品或物质的类属或n.o.s运输专用名称。运输专用名称按照危险品品名表中条目顺序确定。

例4-1　乙基环己烷（Ethyl Cyclohexane）是一种碳氢化合物，闪点为35℃，则该物质的运输专用名称是什么？

参考答案：该物质名称未列入危险品品名表；

（1）根据禁运的危险品的描述和分类标准确定该物质非禁运。

（2）根据性质，该物质属于第3类易燃液体，III级包装。

（3）按照危险品品名表中条目顺序，确定运输专用名称为"碳氢化合物，液体，n.o.s（Hydrocarbons, liquid, n.o.s）"UN3295。

3．未列名的混合物和溶液

1）含有一种危险物质的混合物和溶液

（1）符合《危险品规则》分类标准的混合物或溶液，主要成分为某种已列名的物

质，同时含有一种或多种不受《危险品规则》限制的物质时，必须识别为危险品品名表中主要成分的运输专用名称，且必须加限定词"混合物"或"溶液"。

（2）当出现下列 4 种情况之一时，混合物或溶液必须用最适用的 n.o.s 运输专用名称表示，并在紧接其后的圆括号内加上物质的技术名称，除非国家法律或国际公约因为是受管制的物质而禁止其公开。也可以使用适当的限定词如"含有""混合物""溶液"等。

① 混合物或溶液在危险品品名表中专门列出名称；

② 危险品品名表的条目表示，该条目仅适用于纯物质；

③ 溶液或混合物的危险性类别或项别、次要危险性、物理状态（固态、液态、气态）或包装等级与列出的条目不同；

④ 在紧急情况下应采取的措施有明显变化。

例 4-2　Acetal 溶液，实验测定闪点 20℃，沸点 40℃，则该溶液的运输专用名称是什么？

参考答案：

（1）查阅危险品品名表，物质 Acetal 的基本信息如下：UN1088　Acetal　3　Ⅱ。

（2）根据溶液性质：溶液属于第 3 类，Ⅱ级包装。

（3）由于该溶液的类/项、包装等级等均没有发生变化，所以该溶液的运输专用名称为 Acetal Solution 或 Acetal Mixture。

例 4-3　已知 Acetyl Iodide 和一种非危险品混合的溶液，该溶液与皮肤接触 70 分钟可造成皮肤组织的坏死，则该溶液的运输专用名称是什么？

参考答案：

（1）查阅危险品品名表，物质 Acetyl Iodide 的基本信息如下：UN1898　Acetyl Iodide　8　Ⅱ。

（2）根据已知条件：该混合物属于第 8 类，Ⅱ级包装。

（3）由于该溶液包装等级发生变化,所以该溶液的运输专用名称为 Corrosive Liquid, n.o.s（Acetyl Iodide Solution）或者 Corrosive Liquid, n.o.s（Acetyl Iodide Mixture）。

2）含有两种或两种以上危险物质的混合物和溶液

符合《危险品规则》分类标准的混合物或溶液，含有两种或两种以上危险物质，必须使用能最准确描述其性质的运输专用名称、描述、危险性类/项、次要危险性和包装等级。

例 4-4　发动机清洗剂是汽油和四氯化碳的混合物，且名称未列入危险品品名表，性质为闪点小于 23℃且符合《危险品规则》中 6.1 项（口服毒性）定义，则该混合物的运输专用名称是什么？

参考答案：

（1）根据性质：该混合物有两种危险性：第 3 类（易燃）、6.1 项（毒性）。

（2）根据《危险品规则》3.10A 表：该混合物的主要危险性为第 3 类，次要危险性为 6.1 项。

（3）运输专用名称：易燃液体，毒性，n.o.s（汽油/四氯化碳混合物）。

3）不受《危险品规则》限制的混合物或溶液

混合物或配方中有物质名称在品名表中列名，但是由于其浓度不符合任何危险性的定义，此混合物或溶液不受《危险品规则》限制。航空货运单上应注明"不受限制"字样，以表明货物已被检查。

4）不受限制物品

如果物品或物质怀疑含有危险的化学性质，但并未列入危险品品名表，也不符合任何类/项的标准，货物已被检查并在航空货运单上注明"非限制"，则可按非限制物品进行运输。

本 章 小 结

本单元讲述的主要内容为危险品品名表的构成及使用方法、危险品运输专用名称的选择；危险品品名表列明了 3000 多种具有危险成分并有可能进行航空运输的物品或物质的名称；航空运输时，运输各方需查阅危险品品名表并严格遵守品名表中的各项规定。对于未列入危险品品名表的危险品应遵循原则选择适用的运输专用名称。

自 我 检 测

1. 已知 n-Propoxypropanol 是一种闪点为 58℃，初始沸点为 87℃的醇类，则该物质的 UN 编号、运输专用名称、包装等级分别是什么？

2. 已知 Benzene 和一种非危险品的液体混合物，闪点为 23℃，初始沸点为 40℃，则该溶液的运输专用名称、UN 编号、包装等级、客机和货机运输的包装说明分别是什么？

3. 已知 Arsenic 和一种非危险品的固体混合物，该混合物的口服毒性 LD_{50} 为 45 mg/kg，则该物质的运输专用名称、UN 编号、包装等级、客机和货机运输的包装说明分别是什么？

4. 一种混合物含有 8% Ethylene Oxide（环氧乙烷）和 92% Carbon Dioxide（二氧化碳），则它的 UN 编号、运输专用名称、包装等级、客机和货机运输的包装说明分别是什么？该物质能否以限制数量运输？

第五章　民航危险品的包装

引　言

　　在航空运输过程中，由于飞行高度的变化，运输中温度、湿度、压力等均发生改变。因此，托运人所选择的包装既要考虑危险品自身的特性还应符合航空运输的所有要求。危险品的包装不仅能保护物品本身，同时也是防止危险品在储存和运输过程中发生着火、中毒、腐蚀等危害的重要措施，是保证危险品安全运输的基础。

　　本章我们将学习以下知识。

　　（1）包装的一般介绍。

　　（2）危险品的包装种类。

　　（3）包装说明。

　　（4）危险品包装的检查。

第一节　包装概述

一、托运人责任

托运人对危险品的包装负全部的责任。

托运人在准备危险品的每个包装件时，必须遵守以下规定。

（1）遵守与所选用的包装类型相应的一系列包装要求。

（2）使用危险品品名表中该物质适用的包装说明允许的包装。

（3）所有的包装都要根据危险品品名表中的要求限制每个包装件内所装物品总数量，若包装设计本身对此也有限制，此时，应选用较严格的限制。

（4）包装的所有组成部分，必须按照预定方式组装牢固。

（5）应保证组装的包装件外表面没有灌装过程自身带来的或灌装/组装区周围环境带来的污染。

（6）包装件转交承运人运输时应确认托运人在包装方面已履行了职责。

二、包装术语

（1）包装（Packaging）：包装材料或表示将货物打包的过程。

（2）包装件（Package）：货物经过包装后的整体。

（3）内包装（Inner Packaging）、外包装（Outer Packaging）：图 5-1 所示为内包装与外包装示意图。

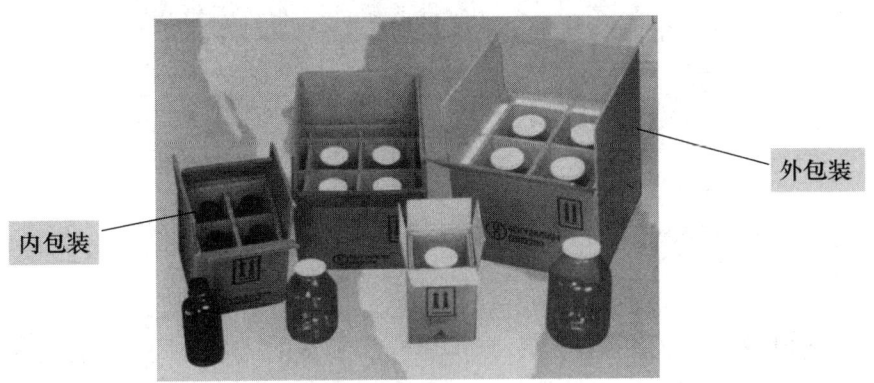

图 5-1　内包装与外包装示意图

（4）单一包装（Single Packaging）：不需任何内包装即能在运输中起包容作用的包装，图 5-2 所示为单一包装示意图。

图 5-2　单一包装示意图

（5）组合包装（Combination Packaging）：出于运输的目的按照相关规定由一个或多个内包装装入一个外包装组成的包装组合体，组合包装示意图如图 5-3 所示。

（6）复合包装（Composite Packaging）：由内外两层不同材料制成的一个不可分开的整体包装，属于单一包装。

图 5-3　组合包装示意图

（7）合成包装件（OVERPACK）：为了运输和装载的方便，同一个托运人将一个或若干个包装件合成一个作业单元。此定义不包括集装器，合成包装件示意图如图 5-4 所示。

图 5-4　合成包装件示意图

（8）例外数量包装（Excepted Package）：用于例外数量危险品运输的包装。

（9）有限数量包装（Limited Package）：用于有限数量危险品运输的包装。

三、一般包装要求

1. 包装质量

危险品必须使用优质包装，容器的结构和封闭性能必须适应正常空运条件下温度、湿度、压力或振动的变化，以免运输包装件漏损。新容器和再次使用的容器都要符合

这一规定。

2．包装测试

包装说明中指定的包装必须符合 IATA《危险品规则》中的相关要求。为保证这样的包装符合使用要求，这些包装的制造和测试必须按照国家主管部门认可的质量保障计划进行。除了满足一般规定外还应进行相应的性能测试，包装、包装方法和所有内包装尺寸和型号应符合试验报告及经过测试的设计类型的标准。在灌装和托运前，每个包装必须预先进行检查，如有腐蚀污染或其他损坏则不得使用。

包装性能试验已考虑所用材料和包装的结构设计，也考虑盛装运输的货物是液体或固体。性能试验的目的是保证正常运输条件下其内装物不损失泄漏。包装性能试验的精确度取决于拟装物的危险程度，即包装等级、相对密度（比重）和蒸气压力（液体）。包装性能试验包括跌落试验、防渗漏试验、液压试验、堆码试验。

3．包装材料

直接与危险品接触的包装（包括封闭盖）不得与危险品发生化学反应或其他作用，因而生成危险性产物或明显削弱包装的物质，不允许危险品正常运输条件下产生危险渗漏。

4．温度和振动的变化

容器的主体和封闭装置，必须完全适应正常运输条件下温度和振动的变化。封闭盖的设计必须保证不可能出现封装失误或不完全关闭的情况，并且容易判断是否完全密封；在运输途中始终处于封闭状态。对于盛装液体的内包装，封口装置必须使用胶带、磨砂盖、焊接、封线、封圈、热密封、防止儿童开启的闭锁等方式保持其安全、紧密、有效。二次封闭装置不适用时，内包装必须安全、严密并置于防漏内衬中，然后放入外包装。

5．剩余空间

容器充入液体后，内部必须保留充分的空间，以防止在运输中因液体遇热膨胀而引起容器泄漏或出现永久性变形。在 55℃时，液体不得完全充满容器。

6．内部压力

盛放液体的包装必须能够承受内部产生的不低于 95kPa 的压力差而无渗漏（对于《危险品规则》中第 3 类或 6.1 项Ⅲ级包装的液体，不低于 75kPa）或者能够承受一个与内装液体蒸气压有关的压力而无渗漏。在上述两个压力中，取较大值。

7．不同危险品装入同一个外包装

一件外包装可以盛装一种以上的危险品或其他物品，条件如下。

（1）几种危险品之间或与其他物质互不产生危险反应及引起：

① 燃烧和（或）释放大量的热；

② 释放易燃、有毒或窒息性气体；

③ 生成腐蚀性物质；

④ 生成不稳定物质。

（2）各种危险品不需要按照《危险品规则》表 9.3.A 进行隔离。

（3）《危险品规则》中 6.2 项（感染性物质）的内包装不得与其他物品的内包装放置在同一个外包装内。

（4）每种危险品所使用的内包装及其所含数量，均应符合各自包装说明中的有关规定。

（5）使用的外包装是所有危险品相应包装说明都允许使用的包装。

（6）为运输而准备的包装件，符合其内装物品中最严格包装等级所对应性能试验的技术标准。

（7）一个外包装所装入不同的危险品的数量，必须"Q"值不大于 1，"Q"值按以下公式计算：

$$Q = \frac{n_1}{M_1} + \frac{n_2}{M_2} + \cdots + \frac{n_i}{M_i}$$

式中，n_1，n_2，$\cdots$，n_i 是每个包装件内各种危险品的净数量；M_1，M_2，$\cdots$，M_i 是危险品品名表中对客机或货机规定的各种危险品每个包装件的最大允许净数量。

注：计算的"Q"值必须向上进至小数点后一位并填在托运人危险品申报单中。

（8）下列危险品不需要计算"Q"值：

① 固体二氧化碳（干冰），UN1845；

② 在危险品品名表 H 栏、J 栏或 L 栏中注明"无限制"的物品；

③ 具有相同的 UN 编号、包装等级和物理状态（如固体或液体）的危险品，净数量的总和不超过危险品品名表中最大允许净数量的危险品。

已知 UN3166 不允许与其他危险品包装在同一个外包装中。对于危险品品名表中每个包装件最大数量 J 和 L 栏显示为"见包装说明×××"时，应如何确定每个包装件的最大允许量？

例 5-1 一个装有物品 A 和物品 B 的包装件，准备用客机装载，其中 A 为 1.5kg 的 Brucine，B 为 0.5L 的 Benzyl Chloride，A、B 不互相发生反应也无须隔离，计算 Q 值。

参考答案：

（1）查阅危险品品名表，相关部分如表 5-1 所示。

表 5-1　危险品品名表（部分）

UN/ID 编号	运输专用名称	类别或项别	次要危险性	危险性标签	PG	客机和货机				仅限货机		特殊规定	应急代码
						限量		包装细则	每个包装件最大净数量	包装细则	每个包装件最大净数量		
						包装细则	每个包装件最大净数量						
A	B	C	D	E	F	G	H	I	J	K	L	M	N
1570	**Brucine**	6.1		Toxic	I	Forbidden		666	5kg	673	50kg	A6	6L
1738	**Benzyl chloride**	6.1	8	Toxic & Corrosive	II	Forbidden		653	1L	660	30L		6C

（2）计算 Q 值：

物品 A 净数量 n_A＝1.5kg，允许最大净数量 M_A＝5kg；

物品 B 净数量 n_B＝0.5L，允许最大净数量 M_B＝1L；

$$Q = \frac{1.5\text{kg}}{5\text{kg}} + \frac{0.5\text{L}}{1\text{L}} = 0.8 < 1$$

自 我 检 测

1．航空运输中，托运人对危险品包装有哪些责任？

2．分别解释组合包装、复合包装、合成包装件。

3．一个包含物品 A 和 B 的包装件，准备用客机装载，物品 A 为 4 个玻璃瓶的 Mercury，每瓶 2.5kg，物品 B 为 2 个塑料瓶的 Diesel fuel，每瓶 10.0L，计算 Q 值。

4．一个装有物品 A、B、C 的限量包装件，准备用客机装载，物品 A 为 1 个塑料瓶的 Acetone，0.25L，物品 B 为 2 个塑料瓶的 Acetyl bromide，每瓶 0.1L，物品 C 为 1 个塑料瓶的 Adhesives，1L，包装等级为III级。计算 Q 值。

第二节　危险品的包装种类

危险品的包装种类有例外包装、限制数量包装、联合国规格包装等，下文将论述在航空运输中托运人应如何选择这些包装，以及这些包装的具体含义。

一、联合国规格包装代码

联合国规格包装（UN 包装）包括组合包装和单一包装（包括复合包装）两种类型，不同类型的包装用不同的代码表示。

1．外包装及复合包装代码

外包装代码由阿拉伯数字及拉丁字母组成，如 4G、1A1，外包装及集合包装代码

表见表 5-2。

（1）第 1 位阿拉伯数字表示包装的种类，具体如下：

1——圆桶（Drum）；

2——预留（Reserved）；

3——方形桶（Jerrican）；

4——箱（Box）；

5——袋（Bag）；

6——复合包装（Composite Packaging）。

（2）第 2 位拉丁字母表示包装材料，具体如下：

A——钢（Steel）；

B——铝（Aluminium）；

C——天然木（Natural Wood）；

D——胶合板（Plywood）；

F——再生木（Reconstituted Wood）；

G——纤维板（Fibreboard）；

H——塑料材料（Plastic Material）；

L——纺织品（Textile）；

M——多层纸（Paper，Multi－Wall）；

N——金属（钢和铝除外）Metal（other than steel or aluminium）。

（3）如有必要，第 3 位阿拉伯数字表示同类型包装中所属的种类。

表 5-2　外包装及复合包装代码

代码	含义	代码	含义
1A1	桶盖不可动钢桶	4H1	泡沫塑料箱
1A2	桶盖可动钢桶	4H2	硬质塑料箱
1B1	桶盖不可动铝桶	4A	钢箱
1B2	桶盖可动铝桶	4B	铝箱
3B1	桶盖不可动方形铝桶	5L2	防漏型织物袋
3B2	桶盖可动方形铝桶	5L3	防水型织物袋
3A1	桶盖不可动方形钢桶	5H2	防漏型塑料织物袋
3A2	桶盖可动方形钢桶	5H3	防水型塑料织物袋
1D	胶合板桶	5H4	塑料薄膜袋
1G	纤维板桶	5M2	多层防水型纸袋
1H1	桶盖不可动塑料桶	6HA1	钢壳塑料桶
1H2	桶盖可动塑料桶	6HB1	铝壳塑料桶
3H1	桶盖不可动方形塑料桶	6HC	木壳塑料桶
3H2	桶盖可动方形塑料桶	6HD1	胶合板壳塑料桶

代码	含义	代码	含义
4C1	普通型木箱	6HD2	胶合板壳塑料箱
4C2	接缝严密型木箱	6HG1	硬纸壳塑料桶
4D	胶合板箱	6HG2	纤维板壳塑料桶
4F	再生木材箱	6HH1	塑料外壳塑料桶
4G	纤维板箱	6HH2	硬质塑料壳塑料箱

复合包装代码由两位阿拉伯数字和两个拉丁字母组成，如 6HA1。

两个拉丁字母都表示材料：第一个字母表示内部容器的材料；第二个字母表示外部包装的材料。两个阿拉伯数字含义与外包装相同。

2．内包装代码

内包装代码由"IP"加阿拉伯数字组成，其中，"IP"表示内包装，数字表示内包装的种类。如有需要，在数字后还会有一个大写英文字母，表示这一类包装的更详细的分类，内包装代码见表 5-3。

表 5-3　内包装代码

代码	含义
IP1	陶瓷、玻璃或蜡制容器
IP2	塑料容器
IP3	非铝金属罐、桶或管
IP3A	铝罐、铝桶或管
IP4	多层纸袋
IP5	塑料袋
IP6	硬纸盒或罐
IP7	气溶胶金属容器，一次性使用
IP7A	气溶胶金属容器，一次性使用
IP7B	气溶胶金属容器，一次性使用
IP7C	气溶胶塑料容器，一次性使用
IP8	玻璃安瓿瓶
IP9	金属或塑料软管
IP10	有塑料/铝衬的纸袋

二、联合国规格包装标记

1．UN 规格包装标记的一般规定

（1）UN 规格包装标记表明该容器成功通过试验，符合相关设计标准及有关制造方面的规定。

（2）UN 规格包装标记能够为包装制造商、修理商、包装用户、经营人和有关主管

部门提供帮助；新包装的初始标记是制造商用以区别包装的类型和表明其达到某些性能试验的手段。

（3）UN 规格包装标记并非总是能够提供各种试验水平等方面的细节，凡需考虑这些细节，应参考合格包装的检验证书、测试报告或注册证明等。

（4）内包装不要求做标记。

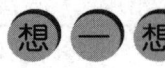

为了确保标记的有效，非直接印刷或模压在包装上的标记可由航空公司进行额外的详细检查。在这种情况下，为避免货物延迟，鼓励托运人提供详细的联系方式，以便标记的有效性得到证实。那么，在航空运输中手写规格标记是否可以接受呢？

2．UN 规格包装标记组成

UN 规格包装标记如图 5-5 所示。

图 5-5　UN 规格包装标记

（1）联合国包装符号：⊍。

（2）包装代码：表示包装的种类及材料。

（3）包装等级：用字母 X、Y、Z 表示，表明其设计的类型已成功通过试验。

① X 表示该包装可用于要求Ⅰ、Ⅱ、Ⅲ级包装的物品或物质。

② Y 表示该包装可用于要求Ⅱ、Ⅲ级包装的物品或物质。

③ Z 表示该包装可用于要求Ⅲ级包装的物品或物质。

（4）液体包装或固体包装的限值。

① 对于盛装液体的单一包装，包装等级后的数字表示该包装允许的最大相对密度（四舍五入至第一位数字），并且通过了试验，如果相对密度（比重）不超过 1.2 可略去；

② 对于盛放固体的包装或者内包装，包装等级后的数字表示该包装允许的最大毛

重（以千克为单位），并且通过了试验。

（5）液体或固体包装。

① 对于盛装液体的单一包装，数字表示该容器能承受的液压试验压力值，单位为kPa，四舍五入至10kPa。

② 对于盛放固体的包装或者内包装，标出字母"S"。

（6）包装生产年份的最后两位数字。

（7）国家主管部门规定的国籍识别标记。

（8）生产厂家名称或由国家主管部门所规定的其他识别符号。

UN 规格包装标记可以使用单行或多行表示，各部分需通过容易识别的"/"或空格清晰地隔开。

例 5-2　Ⓤ4G/Y30/S/16/NL/VL823

参考答案：Ⓤ——联合国包装符号。

　　　　　4G——包装类型：纤维板箱。

　　　　　Y——该包装可用于 II 或 III 级的包装。

　　　　　30——该包装允许的最大毛重。

　　　　　S——盛放固体或内包装的包装。

　　　　　16——该包装于 2016 年生产。

　　　　　NL——该包装生产国家为荷兰。

　　　　　VL823——该包装生产厂家名称。

例 5-3　Ⓤ1A1/Y1.4/150/16/NL/VL825

参考答案：Ⓤ——联合国包装符号。

　　　　　1A1——包装类型：桶盖不可动钢桶。

　　　　　Y——可用于 II 或 III 级的包装。

　　　　　1.4——该包装盛装液体允许的最大相对密度。

　　　　　150——该包装内压试验能承受的最大压力为 150kPa。

　　　　　16——该包装于 2016 年生产。

　　　　　NL——该包装生产国家为荷兰。

　　　　　VL825——该包装生产厂家名称。

3. 修复和再生的 UN 规格包装标记组成

包装修复后，修复者应按下列顺序对包装加以耐久性标记。

（1）标明翻修所在国的国家名称识别标记。

（2）修复厂家名称或经国家主管部门规定的识别标记。

（3）修复年份后两位。

（4）字母"R"，已经成功地通过了防渗漏试验另加字母"L"。

例 5-4 ⓤ1A2/Y150/S/06/USA/RB/15R

参考答案：ⓤ——联合国包装符号。

　　　　　　　1A2——包装类型：桶盖可动钢桶。

　　　　　　　Y——该包装可用于 Ⅱ 或Ⅲ级的包装。

　　　　　　　150——该包装允许的最大毛重。

　　　　　　　S——盛放固体或内包装的包装。

　　　　　　　06——该包装于 2006 年生产。

　　　　　　　USA——该包装生产及修复国家为美国。

　　　　　　　RB——该包装生产厂家名称。

　　　　　　　15R——该包装于 2015 年修复。

4．补救 UN 规格包装标记组成

（1）联合国包装符号。

（2）包装代码（附有字母"T"）：表示包装的种类、材料，字母 T 表示废料补救包装。

（3）包装等级：用字母 X、Y、Z 表示，表明其设计的类型已成功通过试验。

① X 表示该包装可用于要求 Ⅰ、Ⅱ、Ⅲ级包装的物品或物质。

② Y 表示该包装可用于要求Ⅱ、Ⅲ级包装的物品或物质。

④ Z 表示该包装可用于要求Ⅲ级包装的物品或物质。

（4）液体包装或固体包装的限值。

① 对于盛装液体的单一包装，包装等级后的数字表示该包装允许的最大相对密度（四舍五入至第一位数字），并且通过了试验，如果相对密度（比重）不超过 1.2 可略去。

② 对于盛放固体的包装或者内包装，包装等级后的数字表示该包装允许的最大毛重（以千克为单位），并且通过了试验。

（5）液体或固体包装。

① 对于盛装液体的单一包装，数字表示该容器能承受的液压试验压力值，单位为 kPa，四舍五入至 10kPa。

② 对于盛放固体的包装或者内包装，标出字母"S"（所有的补救包装）。

（6）包装生产年份的最后两位数字。

（7）国家主管部门规定的国籍识别标记。

（8）生产厂家名称或由国家主管部门所规定的其他识别符号。

例 5-5 ⓤ1A2T/Y300/S/16/USA/abc

参考答案：ⓤ——联合国包装符号。

　　　　　　　1A2T——包装类型：桶盖可动钢桶（废料补救包装）。

　　　　　　　Y——该包装可用于 Ⅱ 或Ⅲ级的包装。

　　　　　　　300——该包装允许的最大毛重。

S——盛放固体或内包装的包装。

16——该包装于 2016 年生产。

USA——该包装生产国家为美国。

abc——该包装生产厂家名称。

三、有限数量包装

有限数量包装没有联合国规格包装标记，必须标注"LIMITED QUANTITY"或"LTD.QTY"。经过跌落试验和堆码试验，有限数量包装必须是组合包装，且包装件的最大允许毛重为 30 千克。有限数量的危险品必须按照危险品品名表中 G 栏内适用的前缀为"Y"的限量包装说明的要求进行包装，限量包装标记如图 5-6 所示。

图 5-6 限量包装标记

四、合成包装件

在组成合成包装件时，危险品包装件应符合以下规定。

（1）合成包装件中不能装入相互可能产生危险反应的不同物质的包装件或根据《危险品规则》表 9.3A 需要相互隔离的危险品包装件。

（2）合成包装件内的每个包装件的包装方法、标记和标签必须正确，包装件不得有任何损坏或泄漏的迹象。

（3）贴有"仅限货机"标签的包装件不能装入合成包装件中。

（4）合成包装件不能损害其内装的每个包装件所具有的功能。

（5）合成包装件中也可含有不受《危险品规则》限制的物品包装件。

自 我 检 测

1. 航空运输中，如何识别 UN 规格包装？

2．包装等级为 II 级的危险品可以装在＿＿＿＿＿＿＿＿包装内。

3．包装代码 4C1 的含义为＿＿＿＿＿＿＿＿，包装代码 6HD1 的含义为＿＿＿＿＿＿＿＿，包装代码 IP7 的含义为＿＿＿＿＿＿＿＿。

4．解释下列 UN 规格标记的含义：

（1）⊕1A2T/Y300/S/04/USA/abc

（2）⊕1A1/X1.4/150/07/D/V826

（3）NL/RB/16RL

第三节　包装说明

一、包装说明介绍

航空运输中，危险品必须按照危险品品名表中适用的包装说明要求进行包装。包装说明（Packing Instruction）在《危险品规则》的黄页部分，按照类别编号顺序排列，如包装说明 101、包装说明 114 等。包装说明编号中第 1 位数字表示被包装的危险品的主要危险性，例如，包装说明 353 表示被包装的危险品的主要危险性为第 3 类易燃液体。

二、包装说明的组成

包装说明的组成如下：

（1）包装说明编号。

（2）国家及经营人差异，如表 5-4 中的"AEG-09，5X-02"。

表 5-4　包装说明 134

组合包装												
内包装												
类型	袋	容器					板材				管	
名称	防水	纤维板	金属	塑料	木材		折皱纤维板				纤维板	
外包装												
类型	桶						箱						
名称	钢	铝	胶合板	纤维	塑料	其他金属	钢	铝	木材	胶合板	合成木材	纤维板	塑料	其他金属
规格	1A1 1A2	1B1 1B2	1D	1G	1H1 1H2	1N1 1N2	4A	4B	4C1 4C2	4D	4F	4G	4H2	4N

国家差异：AEG-09　　BEG-02　　BHG-02

经营人差异：5X-02　　5X-04

本说明适用于仅限货机运输的 1.3C 项和 1.4C 项爆炸品，客机和仅限货机运输的 1.4S 项爆炸品

必须满足一般包装要求

除非在本规则中另有规定，包装件必须满足 II 级包装的要求

不需要中层包装

（3）适用的机型及适用的 PG。

（4）满足《危险品规则》中 5.0.2 的一般包装要求的提示。

（5）包装可选择的材料、代码、数量等。

（6）有些还包括特殊包装要求。

自 我 检 测

1．UN 规格包装Ⓤ3A2/Y10/S/14/F/BVT 可否装 2kg UN0278，Cartridge，oil well，仅限货机运输。为什么？

2．已知某危险品的运输专用名称为 Gas oil，Quantity：20L，若该危险品用客机装载可选择何种包装，具体数量为多少？

3．固体点火剂（Firelighters, solid），净数量为 30kg，内包装为 6 个塑料袋，每袋装 5kg，外包装为 UN 规格包装木箱（4C1），该危险品将由客机承运。

问：（1）该危险品的包装说明是什么？

（2）包装箱应达到几级的测试标准？

（3）至少需要几个外包装？

第四节　危险品包装的检查

为了确保危险品的安全航空运输，承运人需对托运的危险品进行收运检查。其中，包装的检查方法如下。

一、单一危险品包装件的检查

当托运人或其代理人托运的危险品为一种时，包装的具体检查步骤如下。

（1）查阅危险品品名表：查找危险品的 UN 编号、运输专用名称、危险性、包装等级、包装说明、最大净重或最大毛重、特殊规定；内包装、每种内包装的限量、外包装、特殊规定等。

（2）查阅相应的包装说明：检查包装件是否符合包装说明的要求，包装材料、数量是否满足要求，有无国家或承运人差异等；若均符合相关规定则包装件合格。

二、多种危险品包装件的检查

当托运人或其代理人将一种以上的危险品放入同一外包装时，需遵守本章第一节的相关规定。该种包装的具体检查步骤如下。

（1）查阅危险品品名表：查找危险品的 UN 编号、运输专用名称、危险性、包装等级、包装说明、最大净重或最大毛重、特殊规定；内包装、每种内包装的限量、外包装、特殊规定等。

（2）查阅《危险品规则》表 9.3.A：确保危险品之间不发生反应，并且不需隔离。

（3）查阅包装说明：查阅每种危险品适用的包装说明，查看选用的内包装类型及数量是否符合要求，外包装的材料是否满足要求。

（4）查阅危险品品名表和包装说明，以及国家、承运人差异，确定最严格的包装等级、允许的最大毛重并计算 Q 值。

（5）查看包装件中是否含有感染性物质。若均符合相关规定则可通过检查：包装件合格。

本 章 小 结

本章讲述的主要内容为航空运输过程中托运人或其代理人对于包装应承担的责任、相关的包装术语、UN 规格包装、一般包装要求，以及包装说明表的使用方法。托运人或其代理人应根据危险品的具体特性结合包装达到的测试要求选择合适的包装类型，所选择的包装必须符合包装说明的相关要求，能够切实起到防护的作用。

自 我 检 测

1．国航承运由日本运至中国的 Acetone 溶液 3L，包装表面标记如下：

Ⓤ1H2/Y 1.3/150/99/JP/VL825

内包装采用 IP1，每个容量为 1L。

问：可否采用客机承运？

2．某包装件内包装货物信息如下：

A：Tetrahydrofuran 3 个玻璃瓶，每瓶容量为 0.5L

B：Phenylhydrazine 1 个玻璃瓶，内装 1L 液体。

外包装表面标记为Ⓤ4G/Y35/S/06/NL/NNB344

该包装件是否可由客机承运？

第六章　民航危险品的标记和标签

引　言

在日常生活中，我们能够看到类似这样的图标： 、 、 高度易燃 Highly flammable 、 禁止吸烟 No smoking 、 禁止明火 No naked flame ，此类标识可以提醒我们应注意的相关事项。由于危险品自身的危险性，在危险品的运输过程中有必要提醒相关的操作人员，因此，托运人应根据《危险品规则》保证所托运的危险品包装件或合成包装件已经正确地做好标记和标签。正确的标记和标签能够标明包装件中的物品，标明危险品的性质，能够指明包装件满足的相关标准，能够提供安全操作和装载信息，能够为运输中的各方提供帮助。对危险品包装件进行正确的标记和标签是安全航空运输过程中必需的重要环节。

本章我们将学习以下知识。

（1）危险品标记种类、粘贴方法。

（2）危险品标签种类、粘贴方法、注意事项。

第一节　危险品标记

一、托运人的具体责任

对于需要做标记的包装件和合成包装件，托运人必须检查下列内容：

（1）检查所有有关标记是否已标注在包装件或合成包装件的正确位置上，并符合《危险品规则》的质量和规格具体要求。

（2）除去包装件和合成包装件上所有无关标记。

（3）确保盛装危险品的每个外包装或单层包装上已标出规格标记（有限数量除外）。

（4）确保任何新标记已标在正确的位置并经久耐用。

（5）文字标记必须使用英文，如有需要，也可以使用其他文字。

（6）当危险品包装件或合成包装件交给承运人时，应确保标记工作已完成。

二、标记的种类

1．规格标记

规格标记是用以识别包装的设计或规格的标记（如图 6-1 所示），无论是否用于特定托运的货物，即无论是否有内装物、收货人、托运人等，都必须符合《危险品规则》中规格包装标记规定中的相关要求。这类标记通常为包装制造商所应用。有限数量包装不需要包装规格标记。

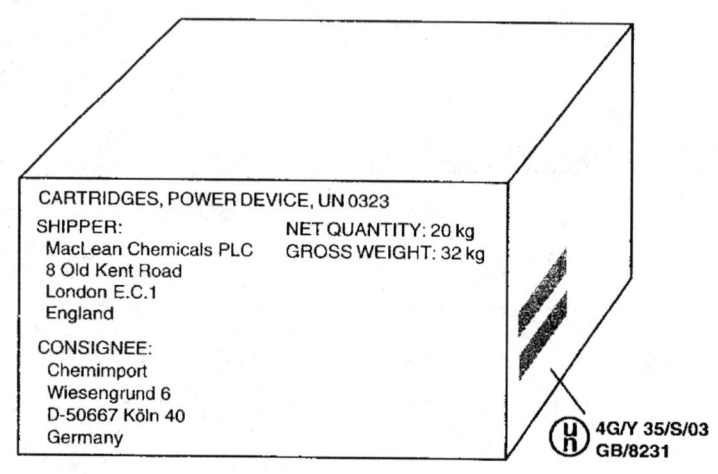

图 6-1　包装件的规格标记

2．基本信息标记

基本信息标记是用以识别特定运输货物所用的特殊包装标记，每个含有危险品的包装件或合成包装件都需要清晰地标出。具体信息如下（如图 6-2 所示）：

（1）运输专用名称（如需要加上技术名称或化学名称）；

（2）UN/ID 编号（包括前缀字母 UN 或 ID）；

（3）托运人及收货人名称及地址。

如果是无包装物品，基本信息标记须显示在物品上、物品保护架上或物品的把手、储存器或发射装置上。

3．附加标记

（1）每个包装件必须注明所含危险品的净数量。

若危险品品名表 H 栏所示的最大净数量为毛重时，必须注明包装件的毛重并在计量单位后注明字母"G"。

该标记不适用以下情况：

① 一票中仅有一个危险品包装件；

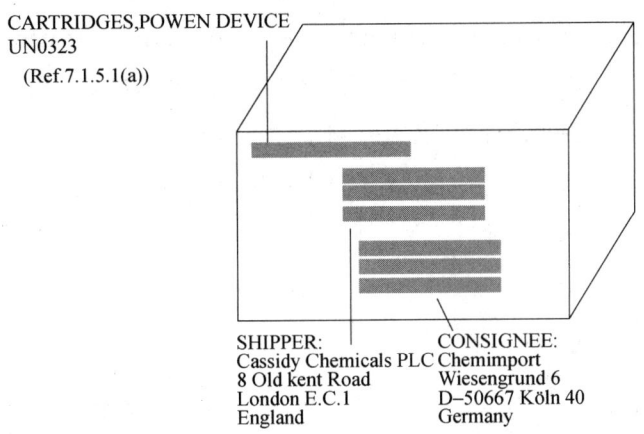

Wiesengrund 6
D-50667 Köln 40
Germany

CARTRIDGES,POWEN DEVICE
UN0323

(Ref.7.1.5.1(a))

SHIPPER:　　　　　　CONSIGNEE:
Cassidy Chemicals PLC Chemimport
8 Old kent Road　　　Wiesengrund 6
London E.C.1　　　　D–50667 Köln 40
England　　　　　　 Germany

图 6-2　包装件的基本信息标记

②　一票中有多个相同的危险品包装件（每个包装件具有相同的 UN 编号、运输专用名称、包装等级及相同的量）；

③　ID8000，日用消费品和放射性物品（第 7 类）。

（2）UN1845——固体二氧化碳（干冰）：应注明每个包装件中所含干冰的净重。

（3）《危险品规则》中　6.2 项感染性物质：负责人的姓名及电话号码（Emergency Connection）。

（4）第 2 类冷冻液化气体：包装件的每个侧面或环绕件每隔 120°标出"KEEP UPRIGHT（保持向上）"；在包装件表面必须印上"DO NOT DROP—HANDLE WITH CARE（切勿抛摔，小心轻放）"；包装件上还必须标注延误、无人提取或出现紧急情况时应遵循的处置说明。

（5）内装 UN3373 的包装件为"生物物质，B 级"，以及如图 6-3 所示进行菱形标记。注意：内装生物物质的包装件，不需在外包装上注明净重，但如果采用干冰做制冷剂时，应注明干冰净重。

图 6-3　生物物质标记

（6）当根据《危险品规则》中特殊规定 A144 运输带有化学氧气发生器的呼吸保护装置（Protective Breathing Equipment, PBE）时，必须在包装件上的运输专用名称旁边注明"Air Crew Protective Breathing Equipment（smoke hood）in accordance with Special Provision A144/飞行机组呼吸保护装置（防烟罩），符合 A144 特殊规定"的说明文字。

（7）当运输环境危害物质时，按图 6-4 进行标记。

（8）有限数量危险品包装件需按图 6-5 进行标记，菱形各边的最小尺寸为 100mm×100mm，线宽至少为 2mm，符号"Y"必须置于标记中心位置并清晰可见。

图 6-4　环境危害物质标记

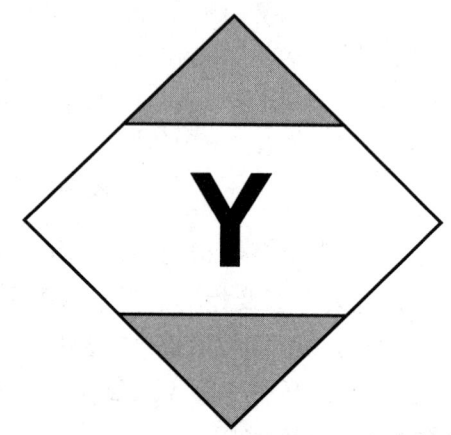

图 6-5　有限数量标记

（9）补救包装需标示"SALVAGE（补救）"字样，字母"SALVAGE"的高度至少为 12mm。

4．其他标记

（1）当包装件或合成包装件上贴有"Package Orientation（包装件方向）"标签时，"THIS END UP（此端向上）"或"THIS SIDE UP（此面向上）"文字标记可标示在包装件或合成包装件的顶面。

（2）附加操作和储存标记：必要时可在包装件上显示指明搬运或储存包装件时需要采取的预防措施的附加标记或符号，如雨伞的图形符号表示该包装件需防潮。

（3）禁用标记：不是用来表示包装件或合成包装件方向的箭头不得标印在含有液体危险品的包装件表面。

5．合成包装件的标记

除非所有危险品的标记在 OVERPACK 上清晰可见，否则下列标记必须显示在 OVERPACK 的外表面上。

（1）"OVERPACK"字样，字母"OVERPACK"的高度至少为 12mm。

（2）运输专用名称、UN/ID 编号、托运人及收货人名称及地址。

（3）适用的附加标记，如干冰的净重、有限数量危险品包装件标记、"SALVAGE（补救）"等。

（4）包装规格标记无须重新标注在合成包装件上面。

（5）当托运的货物含有一个以上合成包装件时，必须在每个合成包装件上标注识别标记（可以用字母数字形式），并标明与申报单中所申报一致的危险品的总量。

6．标记的尺寸

（1）字母"UN/ID"的高度至少为 12mm。容量不超过 30L 或最大净重不超过 30kg 的包装件，以及水容量不超过 60L 的气瓶，标记的高度至少为 6mm，对于容量不超过 5L 或 5kg 的包装件，标记高度也必须有适当的尺寸。

（2）除另有规定，包装件和合成包装件使用标记高度至少为 12mm，如果包装件毛重小于 30L 或 30kg，则标记高度至少为 6mm。

三、标记的应用

例 6-1　一件由德国运往新加坡的危险品，运输专用名称为 Bromobenzene，净重 20L。

SHIPPER: Chemicals Import Verpackung GmbH D－60549 Frankfurt GERMANY

CONSIGNEE: Asia Chemicals Import Co.Ltd 98 Penjuru Lane Singapore 609198 SINGAPORE

选择的包装规格标记为4G/Y35/S/15/GB/8231

根据以上资料，给货物包装粘贴标记。

参考答案：

（1）查阅危险品品名表，如表 6-1 所示。

表 6-1　危险品品名表（部分）

UN/ID 编号	运输专用名称	类别或项别	次要危险性	危险性标签	PG	客机和货机				仅限货机		特殊规定	应急代码
						限量		包装细则	每个包装件最大净数量	包装细则	每个包装件最大净数量		
						包装细则	每个包装件最大净数量						
A	B	C	D	E	F	G	H	I	J	K	L	M	N
2514	**Bromobenzene**	3		Flamm.liquid	Ⅲ	Y344	10L	355	60L	366	220L		3L

（2）根据危险品标记粘贴要求，危险品包装标记如图 6-6 所示。

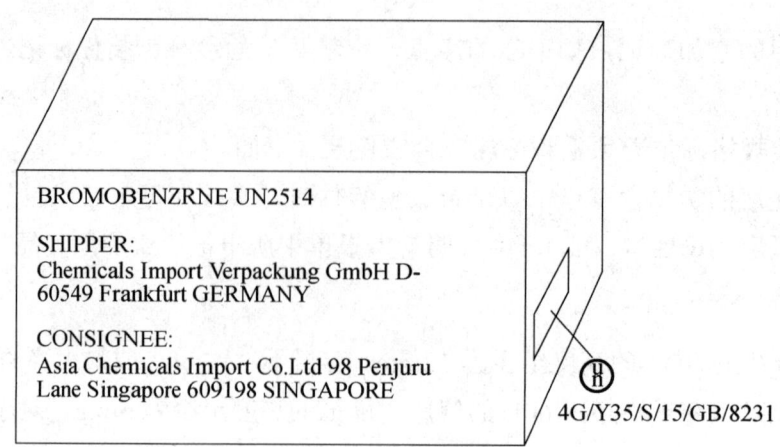

图 6-6　危险品包装标记

第二节　危险品标签

一、托运人的具体责任

对于需要粘贴标签的包装件和合成包装件，托运人必须遵守以下规定。

（1）除掉包装件或 OVERPACK 上所有无关的标签。

（2）只能使用经久耐用及正确规格的标签。

（3）印记在标签上的所需任何补充内容，必须具有耐久性。

（4）应使用正确的标签牢固地粘贴在正确的位置上。

（5）确保包装件或 OVERPACK 在向经营人托运时，标签粘贴的责任已彻底履行。

二、标签的粘贴

1．标签的粘贴要求

包装件表面粘贴标签（如图 6-7 所示）时，需注意以下事项。

（1）所有标签必须牢固地粘贴或印制在包装上，以使它们清楚可见，而不被包装的任何部分或其他标签遮盖。

（2）每个标签必须粘贴或印制在颜色对比明显的底面上，标签的外边缘应有虚线和实线。

（3）标签粘贴时不得折叠，不得将同一标签贴在包装件的不同侧面上。

（4）如果包装件的形状非正规，其表面无法粘贴标签，可以使用硬质的拴挂标签。

（5）包装件必须有足够位置粘贴所有要求的标签。

图 6-7 标签粘贴实例

2．标签粘贴的位置

（1）标签应粘贴在运输专用名称的同一侧面，并在靠近运输专用名称、托运人及收货人的地址处粘贴。

（2）如需要粘贴主、次要危险性标签，次要危险性标签应紧挨着主要危险性标签粘贴在同一侧面上。

（3）同一包装件中有不同条目的危险品需粘贴多个危险性标签时，这些标签必须彼此相邻。

（4）CAO 标签应粘贴在危险性标签的同一侧面并靠近危险性标签的位置。

（5）方向性标签应至少在两个相对的侧面各贴一个。

（6）OVERPACK 内的所有包装件上的标签必须清晰可见或者将这些标签全部在外部再次粘贴。

三、标签种类

危险品包装件标签分为危险性标签和操作性标签。

1．危险性标签

所有类别的大多数危险品都需粘贴此种标签，最小尺寸为 100mm×100mm，菱形，第 1 类至第 9 类危险品危险性标签如图 6-8 所示。

2．操作性标签

某些危险品需贴此种标签，它既可单独使用，也可与危险性标签同时使用，为长方形。操作性标签包括以下 6 种。

（1）磁性物质（Magnetized Material）标签（如图 6-9 所示）：必须用在装有磁性物

质的包装件及 OVERPACK 上；当包装件内盛装时，必须粘贴"磁性物质"来代替第 9 类杂项危险性标签。

图 6-8　第 1 类至第 9 类危险品危险性标签

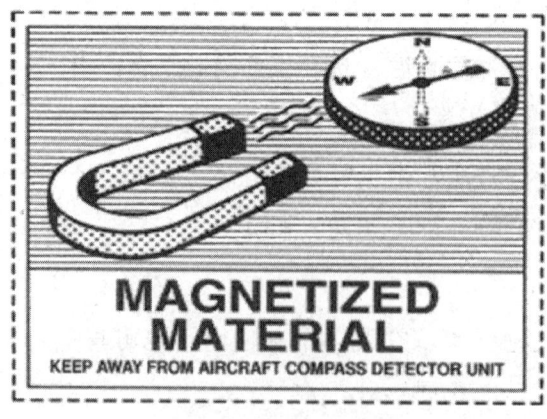

图 6-9　磁性物质标签图

（2）仅限货机（Cargo Aircraft Only）标签（如图 6-10 所示）：必须用在仅限货机运输的危险品包装件上。当包装说明及包装件的限量指明客、货机均可承运时，不应使用"仅限货机"的标签。即使在同一票货中由于其他包装件在危险品申报单中标明"仅限货机"，"仅限货机"标签也不能用于按照客机限制包装的包装件。

图 6-10　仅限货机标签

（3）深冷液化气体（Cryogenic Liquid）标签（如图 6-11 所示）：用于含有深冷液化气体的包装件和 OVERPACK，同时必须粘贴非易燃气体（《危险品规则》中 2.2 项）危险性标签。

（4）方向性（UP）标签（如图 6-12 所示）：盛装液体危险品的组合包装件及 OVERPACK 必须使用包装件方向性标签。

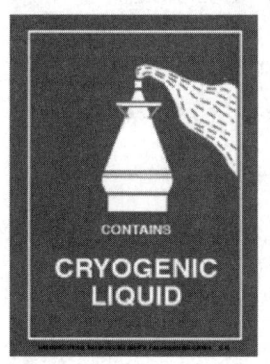
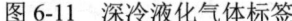

图 6-11　深冷液化气体标签　　　　　　　　　图 6-12　方向性标签

在危险品外包装上不需要方向性箭头的包装件如下：

（1）装有内包装的危险品，内包装和外包装之间应放置吸附材料，确保所装的液体能够被完全吸收，每个内包装所装的危险品不超过 120mL；

（2）装有气密内包装的危险品，如管、袋及打破或刺穿打开的小瓶，每个内包装不得超过 500mL；

（3）装有感染性物质的主容器，内装物不得超过 50mL；

（4）装入放射性物品。

（5）远离热源（Keep Away from Heat）标签（如图 6-13 所示）：盛装 4.1 项中的自反应物质和 5.2 项有机过氧化物的包装件和 OVERPACK，必须使用远离热源操作标签。

（6）锂电池（Lithium Battery）标签。

① 符合包装说明 965 和 968 第 IB 部分及 965 至 970 第 II 部分的含有锂电池的包装件，必须使用与包装说明相应的"Lithium Battery（锂电池）"标签（如图 6-14 所示）。标签上"*"填写"锂金属电池"或"锂离子电池"的文字。当包装内同时含有这两种电池时，标签上应显示"锂金属电池和锂离子电池"的字样。

图 6-13　远离热源标签

图 6-14　锂电池标签

② 符合包装说明 965 和 968 第 IB 部分的含有锂电池的包装件，必须同时使用"Lithium Battery（锂电池）"标签和第 9 类危险性标签。

（7）禁用标签。

① 气瓶及其他细长形包装件，其尺寸不得小到使标签自身叠盖。

② 不是用来表示包装件方向的箭头不得显示在盛有液体危险品的包装件上。

四、标签的应用

例 6-2　一件由德国运往新加坡的危险品，运输专用名称为 Bromobenzene，净重为 20L。

SHIPPER: Chemicals Import Verpackung GmbH D－60549 Frankfurt GERMANY

CONSIGNEE：Asia Chemicals Import Co.Ltd 98 Penjuru Lane Singapore 609198 SINGAPORE

选择的包装规格标记为 4G/Y35/S/15/GB/8231

根据以上资料，给货物包装粘贴标签。

参考答案：

（1）查阅危险品品名表，如表 6-2 所示。

表 6-2 危险品品名表

UN/ID 编号	运输专用名称	类别或项别	次要危险性	危险性标签	PG	客机和货机				仅限货机		特殊规定	应急代码
						限量		包装细则	每个包装件最大净数量	包装细则	每个包装件最大净数量		
						包装细则	每个包装件最大净数量						
A	B	C	D	E	F	G	H	I	J	K	L	M	N
2514	**Bromobenzene**	3		Flamm.liquid	Ⅲ	Y344	10L	355	60L	366	220L		3L

根据危险品品名表，货物 Bromobenzene 属于第 3 类危险品，需要粘贴第 3 类易燃液体标签；货物净重 20L 可以用客机运输；货物为液体需粘贴方向性标签。

（2）粘贴标签如图 6-15 所示。

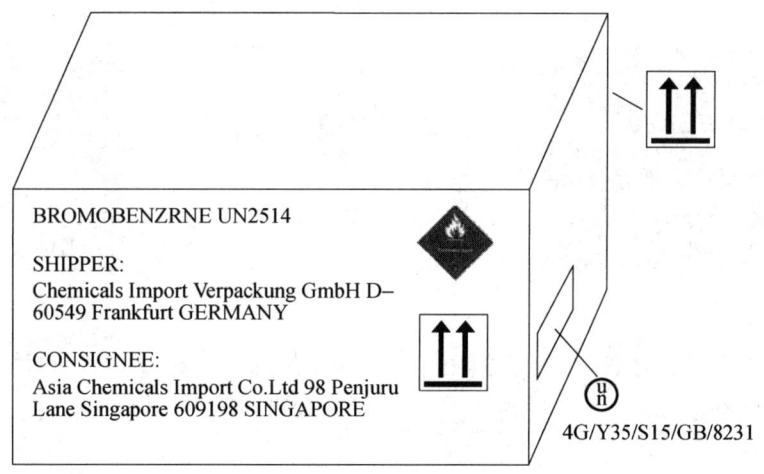

BROMOBENZRNE UN2514

SHIPPER:
Chemicals Import Verpackung GmbH D–60549 Frankfurt GERMANY

CONSIGNEE:
Asia Chemicals Import Co.Ltd 98 Penjuru Lane Singapore 609198 SINGAPORE

4G/Y35/S15/GB/8231

图 6-15 粘贴标签

本 章 小 结

本章讲述的主要内容为标记和标签的种类、粘贴方法，航空运输中托运人应能够根据危险品的性质、特点在包装件表面粘贴相应的标记和标签。承运人应能够检查托

运人粘贴的标记和标签是否正确。

自 我 检 测

1．运输限量货物时，应在包装件表面粘贴_____标记。

2．包装的基本标记包括_____、_____、_____等内容。

3．下列危险品航空运输时，应粘贴何种危险性标签？

（1）Acetic acid, glacial：

（2）Acridine：

（3）Benzene：

4．写出下列标签的名称。

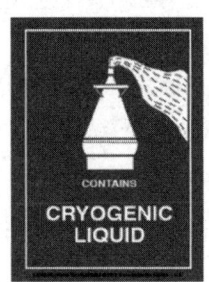

5．一件由德国运往新加坡的危险品，内装危险品 A 和 B，A 的运输专用名称为 Isopropanol，内包装为 1 个塑料瓶，2L；B 的运输专用名称为 Bromobenzene，内包装为 1 个塑料瓶，3L。

SHIPPER: Chemicals Import Verpackung GmbH D－60549 Frankfurt GERMANY

CONSIGNEE: Asia Chemicals Import Co.Ltd 98 Penjuru Lane Singapore 609198 SINGAPORE

选择的外包装的规格标记为 ⓤ4G/Y35/S/15/GB/8231

根据以上资料，给货物包装粘贴标记和标签。

第七章　民航危险品的运输文件

引　言

在危险品运输过程中，并不是所有环节的工作人员都能接触到危险品包装件的，因此，正确准备危险品运输文件显得非常重要，危险品运输文件是民航危险品安全运输的基本要求和必要保证，它的正确性和完整性是保证安全、快捷、高效地完成运输工作的基础。

托运人托运危险品时应填写托运人危险品申报单、航空货运单，经营人在接收危险品时应根据收运检查单检查并填写特种货物机长通知单。

本章我们将学习以下知识。

（1）危险品申报单。

（2）航空货运单。

（3）危险品收运检查单。

（4）特种货物机长通知单。

第一节　危险品申报单

一、托运人责任

托运危险品时托运人应按照《危险品规则》中的定义、分类识别并填写"危险品申报单"（不需要申报单的除外）。填写申报单时，托运人必须遵守以下规定。

（1）正确、如实地填写。

（2）确保申报单内所填写的内容准确、清楚，易于辨识和耐久。

（3）确保所签署申报单的人员已按规定接受相关危险品知识培训。

（4）确保货物按规定准备完毕，全部准备工作完全符合相关国家及承运人的有关规定。

航空运输中，不是所有的危险品均需准备危险品申报单，如运输的物质为下列危险品，则不需要填制危险品申报单：液压物品、气压物品、B级生物物质、转基因生物/转基因微生物、例外数量的危险品、磁性物质、放射性例外包装件、以干冰作为制冷剂运输的非限制性物品。

二、托运人危险品申报单

1．申报单的填写要求

（1）文字：必须用英文填写，若需要可补充印制正确翻译的另一种文字。

（2）颜色：申报单的表格用黑色和红色印制在白纸上，或只用红色。

（3）尺寸：申报单的印制必须使用 ISO 的 A3 或 A4 型纸，或者北美洲等同型号纸。

（4）格式：申报单有两种格式，第一种样本是为计算机填制设计的，第二种样本是为手工填制设计的。两种申报单均可由手工或机器填写。

2．申报单的使用

（1）托运人必须填制两份并签字的申报单，随货物一起交给经营人。一份签字的申报单由收运的经营人保存，另一份随同货物至到达站。

（2）申报单必须由托运人签字。签字可手写，也可用印章、传真机复印或复写，不得使用打印机签字。

（3）若一大批货物分批运输，装在不同的飞机上，托运人需向第一经营人提供一份装载于每架飞机的每批货物的"危险品申报单"。

（4）若属于集运货物，含有危险品的每票货物的申报单必须单独交给收运的经营人。

（5）若申报单中"危险品类别和数量"栏内不足以容纳所需的项目及说明，可采用延长表格增加页数的方法，延长的表格必须有垂直的红色影线。

（6）经营人不得接受变动或修改过的申报单，除非托运人对某项变动或修改已经签字，并且该签字与文件上的签字一致。

（7）申报单中的某些内容没有指明为危险品或含有危险品运输时，此申报单不得接受。

（8）一个项目中有不同的手书或不同的印刷文字，或是手书与印刷字相混用，则不属于变动或修改。

3．申报单的填制

危险品申报单（表 7-1）的填制内容如下：

（1）托运人（Shipper）：填写托运人姓名的全称及地址。

（2）收货人（Consignee）：填写收货人姓名的全称及地址。

（3）航空货运单号码（Air Waybill No.）：填上货运单号码的申报单应随附货运单。

（4）页数与总页数（Page...of...Pages）：填写第……页共……页；如无续表，应填写"第1页共1页"。

（5）机型限制（Aircraft Limitations）：根据货物的情况选择将"客机、货机均可"或"仅限货机"两项中的一项划掉，另一项保留；当客机和货机的包装说明编号和每个包装件允许的净数量相同时，不应使用"仅限货机"标签。即使在同一票货物中由于其他包装件在托运人申报单中标明"仅限货机"时，"仅限货机"标签也不能用于按照客机限量包装的包装件。

（6）始发站机场（Airport of Departure）：填入始发站机场或城市全称，此项可由托运人及其代理人、经营人或其地面代理人填写或修改。

（7）到达站机场（Airport of Destination）：填入到达站机场或城市全称，此项可由托运人及其代理人、经营人或其地面代理人填写或修改。

（8）货物种类（Shipment Type）：划掉"放射性"字样表明该货物不含放射性物质，以表明该货物不含放射性物品。

（9）危险品种类与数量（Nature and Quantity of Dangerous Goods）：对于非放射性货物，各项内容必须严格按下列要求填报。

（10）识别（Dangerous Goods Identification）填报顺序：

① UN 或 ID 编号（UN or ID No.），编号前冠以"UN"或"ID"字样。

② 运输专用名称（Proper Shipping Name），必要时补加技术名称。

③ 类别及项别号码（Class or Division），第1类危险品还应注明配装组号码，次要危险性（Subsidiary Risk）。

④ 包装等级（Packing Group）：使用的包装等级，对于化学品箱和急救箱，应使用其中各种危险品所对应的包装等级中最严格的等级。

　　在危险品品名表的 M 栏显示了危险品的特殊规定，因此，在查阅危险品品名表时均需查看特殊规定的内容。特殊规定 A802，A803 和 A804 要求包装件要满足更高等级的包装性能标准，但在识别和填写运输文件时，包装等级还应选用危险品品名表所列明的，且按危险品品名表列明的包装等级填写申报单。如危险品 UN1057，在危险品品名表中包装等级栏是空白，有特殊规定 A802（要求包装等级达到Ⅱ级的包装），在填写危险品申报单时，包装等级栏应按照品名表空白，无须填写Ⅱ级。

（11）包装数量及类型（Quantity and Type of Packing）填报顺序：

包装件的数量（可用数字如 1，2，3 或文字如 one，two，three 来表示）、包装件的种类及每个包装件内危险品的净重，例如，5 Fibreboard Boxes ×5L（5 个纤维板箱×5L）。

① 含有危险品残留物（第 7 类除外）、未清洗的空包装应加注"EMPTY UNCLEANED（未清洗空包装）"或"RESIDUE LAST CONTAINED（含有残留物）"，比如：1 steel drum, empty uncleaned（1 个钢桶，未清洗空包装）。

② 对于限制数量的危险品，危险品品名表 H 栏中有字母"G"的，必须标明每个包装件的毛重，而非其净数量，并在计量单位后面加上字母"G"；若危险品品名表 H 栏中对于该危险品包装件有 30kg 毛重限制，并将其与其他不同的危险品装在同一外包装内，则必须标明每种危险品的净数量，同时还要标明整个包装件的毛重。

③ 对于"机器或器械中的危险品"，需标明每种固态、液态或气态危险品的总数量。

④ 对于化学物品箱或急救箱，必须列出每个包装件内含有危险品的总净数量。

⑤ 若两种或两种以上的危险品装入同一外包装，应加上"All Packed in One（包装类型名称）"；如含有一件以上包装件，且每个包装件内含有同一类别并可装配的物品，则相关项目后面的说明如下："All Packed in One（包装类型名称）×（填入实际包装件数）"。

⑥ 两种或两种以上危险品装于同一外包装内时，应填入"Q"值并进位到小数点后一位。

⑦ 对于补救包装运输的危险品，必须填写估计的剩余数量并包括"Salvage Package（补救包装）"字样。

⑧ 对于第 1 类爆炸物品，每个包装的净数量必须补充包装件中净爆炸质量。可根据确切含义使用相应的缩写"NEQ""NEC""NEM"或"NEW"。

使用合成包装件时，需填"OVERPACK Used"字样。

① 当托运的货物有多个 OVERPACK 时，每个 OVERPACK 上必须标注识别标记（可用字母数字形式），以及与申报单中所申报一致的危险品的总量，包括计量单位及适用的字母"G"。

② 多个 OVERPACK 且内装物相同时，应填写"OVERPACK Used×相同合成包装件的件数"。

（12）包装说明（Packing Instruction）填报顺序：包装说明和限量包装说明编号，按照包装说明 965 和 968IB 准备的锂电池，须在包装说明编号后加字母"IB"。

注 1：选择使用客机运输时，需填客机包装说明号。

注 2：使用"仅限货机"运输时，需填货机包装说明号，且贴"仅限货机"标签。

（13）批准（Authorization），填写主管部门的批准或认可：

① 如特殊规定为 A1、A2、A4、A5、A51、A81、A88、A99、A130、A190 或 A191

时，如适用应填入特殊规定序号。

②　如物质是经政府有关主管部门按 A1 或 A2 条款批准运输时，在申报单上应声明该批准或豁免证书随附于申报单。批准内容包括数量限制、包装要求、机型（如适用）、其他相关信息。

③　当危险品装在移动式储罐中运输时，必须随附一份国家主管部门批准的文件。

④　当运输的爆炸品符合包装说明 101 并获得了有关国家主管部门批准时，应在申报单上用国际交通机动车辆国家识别符号注明所列的批准部门的名称，比如：Packaging authorized by competent authority of … （包装经……主管部门批准）。

（14）附加操作信息（Additional Handling Information），填写任何其他有关的特殊操作说明。

①　如对于在危险品品名表 M 栏中标有特殊规定 A20 的《危险品规则》中 4.1 项自反应物质或 5.2 项有机过氧化物或其他具有相似性质的物质托运时，托运人必须指明含有这些物质的包装件应避免阳光直射并远离一切热源，同时放置在通风良好的地方。

②　当运输有机过氧化物或自反应物质的样品时，托运人申报单的附加操作信息栏应做相应声明。

③　当根据特殊规定 A144 运输带有化学氧气发生器的呼吸保护装置（PBE）时，必须在托运人申报单的附加操作信息栏中注明"机组成员呼吸保护装置（防烟罩），符合特殊规定 A144"。

④　对于 A 级感染性物质（UN2814 和 UN2900），以及国家法律或国际公约禁止公布在"n.o.s★"运输专用名称后面的技术名称的物质，必须在申报单上填写负责人姓名和电话。

⑤　当运输 UN0336 或 UN0337 的烟火时，申报单必须包括国家主管部门给出的分类编码。

⑥　当易燃黏稠物质根据相关规定被划分为包装等级Ⅲ级时，必须在申报单上声明，比如："UN****3.3.3.1.1"（****为易燃黏稠物质的 UN 编号）。

⑦　每票含有"IB"要求的锂电池货物必须附带一份文件，注明以下内容：

a. 包装将装有锂电池芯或电池；

b. 包装件必须小心轻放，如果包装件损坏有着火危险；

c. 若包装件损坏应遵循的程序，包括检查和必要时重新包装；

d. 能够提供其他信息的电话号码。

这些信息可以显示在申报单上或其他文件上。

（15）认证声明（Certification Statement）：

申报单中必须含有证明或声明，保证货物按照本规则及其他空运规定进行准备，而且符合收运条件。声明内容：我在此声明，以上填写的本批货物的运输专用名称完整无误，其分类、包装、标记及标签/标牌已经完成，且各方面均符合相关的国际和国家政府规定，可予托运。

（16）签字人的姓名和职别（Name and Title of Signatory）：填写签字人的姓名和职别，既可打印，也可盖章。

（17）地点和日期（Place and Date）：填入签字的地点和日期。

（18）签字（Signature）：按托运人危险品申报单签字的要求签字。

表 7-1　危险品申报单
SHIPPER'S DECLARATION FOR DANGEROUS GOODS

SHIPPER'S DECLARATION FOR DANGEROUS GOODS

Shipper

Air Waybill No.

Page　　of　　Pages

Shipper's Reference Number
(optional)

Consignee

For optional use for Company logo name and address

Two completed and signed copies of this Declaration must be handed to the operator.

WARNING

TRANSPORT DETAILS

Failure to comply in all respects with the applicable Dangerous Goods Regulations may be in breach of the applicable law, subject to legal penalties.

This shipment is within the limitations prescribed for: *(delete non-applicable)*

Airport of Departure:

PASSENGER AND CARGO AIRCRAFT　CARGO AIRCRAFT ONLY

Airport of Destination:

Shipment type: *(delete non-applicable)*
NON-RADIOACTIVE | RADIOACTIVE

NATURE AND QUANTITY OF DANGEROUS GOODS

Dangerous Goods Identification						
UN or ID No.	Proper Shipping Name	Class or Division (Subsidiary Risk)	Pack-ing Group	Quantity and type of packing	Packing Inst.	Authorization

Additional Handling Information

I hereby declare that the contents of this consignment are fully and accurately described above by the proper shipping name, and are classified, packaged, marked and labelled/placarded, and are in all respects in proper condition for transport according to applicable international and national governmental regulations. I declare that all of the applicable air transport requirements have been met.

Name/Title of Signatory

Place and Date

Signature
(see warning above)

4．申报单的填写实例

危险品申报单填写实例见表 7-2。

表 7-2 危险品申报单填写实例

SHIPPER'S DECLARATION FOR DANGEROUS GOODS

SHIPPER'S DECLARATION FOR DANGEROUS GOODS

Shipper ABC Company 1000 High Street Youngville, Ontario Canada	Air Waybill No. **800 1234 5686** Page 1 of 1 Pages Shipper's Reference Number *(optional)*
Consignee CBA Lte 50 Rue de la Paix Paris 75 006 France	*For optional use for Company logo name and address*
Two completed and signed copies of this Declaration must be handed to the operator.	**WARNING**

TRANSPORT DETAILS		Failure to comply in all respects with the applicable Dangerous Goods Regulations may be in breach of the applicable law, subject to legal penalties.
This shipment is within the limitations prescribed for: *(delete non-applicable)* <s>PASSENGER AND CARGO AIRCRAFT</s> | CARGO AIRCRAFT ONLY	Airport of Departure: Youngville	
Airport of Destination: *Paris, Charles de Gaulle*		Shipment type: *(delete non-applicable)* NON-RADIOACTIVE | <s>RADIOACTIVE</s>

NATURE AND QUANTITY OF DANGEROUS GOODS

Dangerous Goods Identification		Class or Division (Subsidiary Risk)	Pack-ing Group	Quantity and type of packing	Packing Inst.	Authorization
UN or ID No.	Proper Shipping Name					
UN1816	Propyltrichlorosilane	8 (3)	II	3 Plastic Drums x 30 L	876	
UN3226	Self-reactive solid type D (Benzenesulphonyl hydrazide)	Div. 4.1		1 Fibreboard box x 10 kg	459	
UN1263	Paint	3	II	2 Fibreboard boxes x 4 L	364	
UN1263	Paints	3	III	1 Fibreboard box x 30 L	366	
UN3166	Vehicle, flammable liquid powered	9		1 automobile 1350 kg	950	
UN3316	Chemical kits	9	II	1 Fibreboard box x 3 kg	960	
UN2794	Batteries, wet, filled with acid	8		1 Wooden box 50 kg	870	

Additional Handling Information

The packages containing UN3226 must be protected from direct sunlight, and all sources of heat and be placed in adequately ventilated areas.
24-hour Number: +1 905 123 4567

I hereby declare that the contents of this consignment are fully and accurately described above by the proper shipping name, and are classified, packaged, marked and labelled/placarded, and are in all respects in proper condition for transport according to applicable international and national governmental regulations. I declare that all of the applicable air transport requirements have been met.	Name/Title of Signatory B.Smith, Dispatch Supervisor Place and Date Youngville 1 January 2016 Signature *(see warning above)* *B.Smith*

在危险品申报单的填制过程中，根据危险品及包装形式的不同，当出现下列情况时，填写方式如各例所示。

例 7-1　两种或两种以上可配装的危险品装在同一个外包装内，要求注明"Q"值（见表 7-3）。

表 7-3　危险品申报单 1

UN or ID No.	Proper Shipping Name	Class or Division (Subsidiary risk)	Packing Group	Quantity and type of packing	Packing Inst.	Authorization
UN2339	2-Bromobutane	3	II	2 L	353	
UN2653	Benzyl iodide	6.1	II	2 L	654	
UN2049	Diethylbenzene	3	III	5L	355	
				All packed in one wooden box. Q=0.9		

NATURE AND QUANTITY OF DANGEROUS GOODS — Dangerous Goods Identification

例 7-2　两种或两种以上可配装的限量危险品装在同一个外包装内，要求注明"Q"值（见表 7-4）。

表 7-4　危险品申报单 2

UN1950	Aerosols, non-flammable	2.2		5 kg	Y203
UN2653	Benzyl iodide	6.1	II	0.3 L	Y641
UN2049	Diethylbenzene	3	III	0.5 L	Y344
				All packed in one wooden box. Q=0.4 Total Gross Weight: 10 kg G	

例 7-3　两种危险品（其中一种为干冰）装在同一个外包装内，无须注明"Q"值（见表 7-5）。

表 7-5　危险品申报单 3

| UN2814 | Infectious substance, affecting humans (Dengue virus culture) | 6.2 | | 25 g | 620 |
| UN1845 | Dry Ice | 9 | | 20 kg
All packed in one
Fibreboard box. | 954 |

例 7-4　使用一个 OVERPACK（见表 7-6）。

表 7-6　危险品申报单 4

NATURE AND QUANTITY OF DANGEROUS GOODS						
Dangerous Goods Identification						
UN or ID No.	Proper Shipping Name	Class or Division (Subsidiary risk)	Packing Group	Quantity and type of packing	Packing Inst.	Authorization
UN2814	Infectious substance, affecting humans (Dengue virus)	6.2		1 Fibreboard box × 25 g	620	
UN1845	Dry Ice	9		20 kg Overpack used	954	

例 7-5　含有内装物相同的多个 OVERPACK（见表 7-7）。

表 7-7　危险品申报单 5

NATURE AND QUANTITY OF DANGEROUS GOODS						
Dangerous Goods Identification						
UN or ID No.	Proper Shipping Name	Class or Division (Subsidiary risk)	Packing Group	Quantity and type of packing	Packing Inst.	Authorization
UN1950	Aerosols, flammable	2.1		200 Fibreboard boxes × 0.2 kg Overpack used × 3 #1234 #2345 #1841 Total quantity per overpack 40 kg	203	

第二节　航空货运单

航空货运单是托运人和承运人运输货物所订立的合同契约。托运人应对航空货运单上所填内容的正确性和准确性负责。运输危险品时，航空货运单除应遵循基本要求外，还应按照《危险品规则》的具体要求进行填写。

一、航空货运单"Handing Information"栏的填写

当运输的危险品需要填写危险品申报单时，在航空货运单上"Handing Information（操作说明）"栏应填写下列说明。

（1）客机或货机均可运输的危险品，需注明："Dangerous goods as per attached shipper's Declaration"或"Dangerous goods as per attached DGD"（危险品见随附的危险品申报单）。

（2）仅限货机运输的危险品，还需注明："Cargo Aircraft Only"或"CAO"。

（3）若航空货运单上同时有危险品和非危险品时，在"Dangerous goods as per attached shipper's Declaration" 或"Dangerous goods as per attached DGD"前加危险品的件数。

二、无须申报单时航空货运单的填写

当危险品不需要填制托运人申报单时，在航空货运单"Nature and Quantity of Goods"栏必须显示以下信息。

（1）UN 或 ID 编号（磁性物质不需要）。

（2）运输专用名称。

（3）包装件数量（只有一个包装件除外）。

（4）每个包装件净数量（UN1845 是必需的）。

三、其他的填写说明

1．用作危险品制冷剂的干冰

当固体二氧化碳用作需填写申报单的危险品的制冷剂时，二氧化碳的详情也必须填写在托运人申报单上。

2．例外数量的危险品

当运输例外数量危险品时，必须在货运单的"货物种类和数量"栏内填写"Dangerous Goods in Excepted Quantities"。

3．非危险品

如果某种物品或物质可能被怀疑具有危险性，但并不符合危险品各类/项的划分标准，该物品或物质应作为非限制性物品运输，在货运单的"Nature and Quantity of Goods"栏内注"非限制（Not Restricted）"，表明已检查。当某件货物根据特殊规定不受本规则限制时，必须在货运单的品名栏中填写"Not Restricted，as per Special Provision A**（非限制，依据特殊规定 A**）"的字样来注明已用的特殊规定。

四、航空货运单填写示例

例 7-6　客机或货机均可运输的航空货运单（见表 7-8）。

表 7-8　航空货运单 1

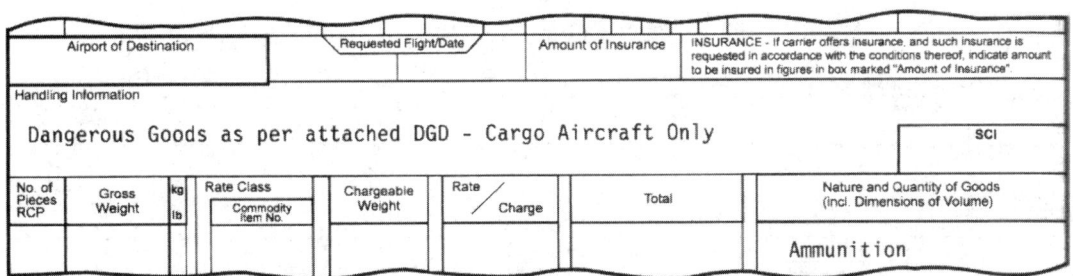

例 7-7　仅限货机运输的航空货运单（见表 7-9）。

表 7-9　航空货运单 2

例 7-8　客机或货机运输的含有危险品和非危险品的航空货运单（见表 7-10）。

表 7-10　航空货运单 3

例7-9 含有危险品但不要求托运人申报单的航空货运单（见表7-11）。

表7-11 航空货运单4

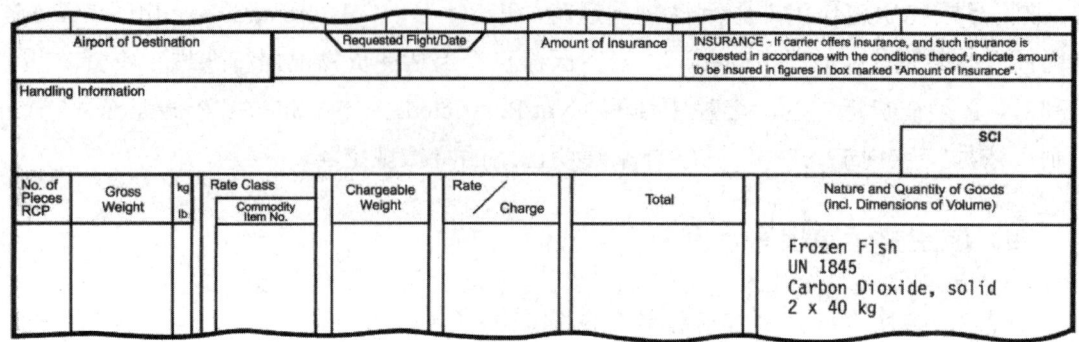

例7-10 集运货物中含有危险品的航空货运单（见表7-12）。

表7-12 航空货运单5

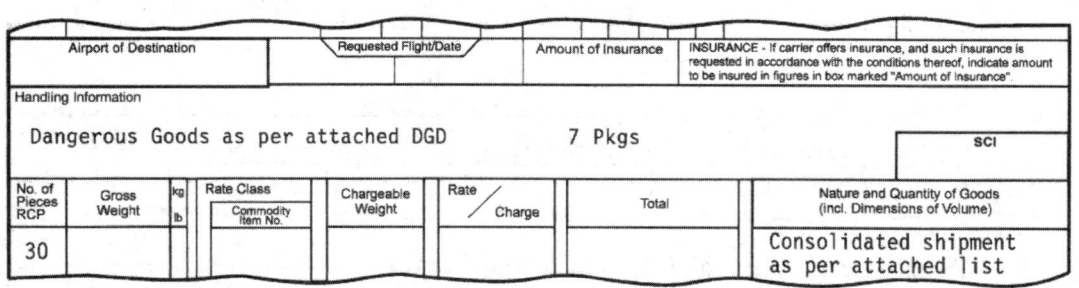

例7-11 含有例外数量危险品的航空货运单（见表7-13）。

表7-13 航空货运单6

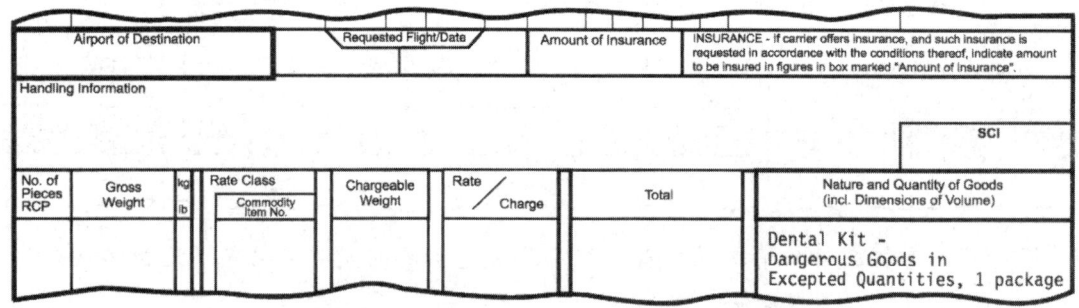

第三节　危险品收运检查单

在收运危险品时，为了检查危险品申报单、航空货运单及危险品包装件是否完全符合航空运输要求，航空公司收货人员应使用危险品收运检查单进行检查。

一、检查单的使用说明

1．检查单的使用说明

（1）由收运人员填写，一式两份，经签字后生效。无检查单或检查单上无签字时危险品不得收运。

（2）核查单正本随货物一起运输，副本留存于始发站。

（3）危险品收运检查单上的各个项目必须全部检查完毕后方能确定该危险品是否可以收运；如有一项为否定项的，该危险品就不得收运。

2．对核查出问题的处理办法

（1）若错误出在货运单上，可由航空公司的收运人员修改。

（2）若错误出在申报单，除货运单号码、始发站机场栏和目的站机场栏以外，其他的栏目必须由托运人更正，并在更正处签名或盖章。

（3）若包装件有破损，或打包方法不正确，航空公司收货人员应该拒收该危险品。

二、检查单的类型

危险品收运检查单分 3 种类型，分别是非放射性危险品收运检查单（见表 7-14）、放射性危险品收运检查单和干冰（固体二氧化碳）收运检查单（见表 7-15）。

表 7-14　非放射性危险品收运检查单

2016 非放射性危险品收运检查单

下列推荐的检查清单用于始发站核实托运货物。在所有项目检查之前不得收运或拒收托运货物。

下列各项内容是否正确？

托运人危险品申报单（**DGD**）	是	否*	不适用
1．英文申报单一式两份按 IATA 要求的格式填写[8.1.1，8.1.2，8.1.6.12]	□	□	
2．托运人和收货人名称及地址全称[8.1.6.1，8.1.6.2]	□	□	
3．如无航空货运单号，填上[8.1.6.3]	□	□	
4．共有的页数[8.1.6.4]	□	□	
5．删除不适用的飞机机型[8.1.6.5]	□	□	
6．如无起飞/目的地机场或所在城市的全称，填上此条目为可选项[8.1.6.6 和 8.1.6.7]	□	□	□
7．删除"放射性"字样[8.1.6.8]	□	□	
识别			
8．UN 或 ID 编号，编号前冠以 UN 或 ID 字样[8.1.6.9.1，步骤 1]	□	□	
9．运输专用名称及必要时写在括号内的技术名称[8.1.6.9.1，步骤 2]	□	□	
10．类或项，对于第 1 类，配装组代号[8.1.6.9.1，步骤 3]	□	□	
11．次要危险性，紧跟于类/项后的括号内[8.1.6.9.1，步骤 4]	□	□	□
12．包装等级[8.1.6.9.1，步骤 5]	□	□	□
包装数量及类型			
13．包装件的数量及类型[8.1.6.9.2，步骤 6]	□	□	

14．每个包装件的含量及计量单位（净重或适用时的毛重）符合相关限制[8.1.6.9.2，步骤 6]	☐	☐	
15．当不同种类危险品包装在同一外包装中时，符合以下规定			
一根据《危险品规则》表 9.3.A 可包装在一起	☐	☐	☐
一装有《危险品规则》中 6.2 项危险品的 UN 包装件[5.0.2.11（c）]	☐	☐	☐
一"All packed in one（type of packaging）"字样[8.1.6.9.2，步骤 6（f）]	☐	☐	☐
一计算的"Q"值不得超过 1[5.0.2.11（g）& （b）；2.7.5.6；8.1.6.9.2，步骤 6（g）]	☐	☐	☐
16．OVERPACK			
一根据《危险品规则》表 9.3.A 可包装在一起[5.0.1.5.1]	☐	☐	☐
一"OVERPACK Used"字样[8.1.6.9.2，步骤 7]	☐	☐	☐
一当使用 1 个以上 OVERPACK 时，标注识别标记及危险品的总量[8.1.6.9.2，步骤 7]	☐	☐	☐
包装说明			
17．包装说明编号[8.1.6.9.3，步骤 8]	☐	☐	
18．对于符合 IB 部分的锂电池，"IB"跟随在包装说明的后面[8.1.6.9.3，步骤 8]	☐	☐	☐
批准			
19．如适用，相关特殊规定代号 A1、A2、A4、A5、A51、A81、A88、A99 或 A130、A190、A191[8.1.6.9.4，步骤 9]	☐	☐	☐
20．指明附有政府批准证书，包括英文副本[8.1.6.9.4，步骤 9]	☐	☐	☐
附加操作信息			
21．对于《危险品规则》中 4.1 项的自反应物质及相关物质，5.2 项的有机过氧化物，或其样品、PBE、易燃黏稠物质及烟火，强制性的文字要求[8.1.6.11.1、8.1.6.11.2、8.1.6.11.3 和 8.1.6.11.5]	☐	☐	☐
22．《危险品规则》中 6.2 项感染性物质责任人的姓名及电话[8.1.6.11.4]	☐	☐	☐
23．签署者姓名及职务，地点及日期，托运人签字[8.1.6.13、8.1.6.14、8.1.6.15]	☐	☐	
24．更改或修订时有托运人签字[8.1.2.6]	☐	☐	☐
航空货运单			
25．在操作信息栏显示"Dangerous Goods as per attached Shipper's Declaration"或"Dangerous Goods as per attached DGD"[8.2.1（a）]	☐	☐	
26．"Cargo Aircraft Only"或"CAO"字样，若适用[8.2.1（b）]	☐	☐	☐
27．包含非危险品时，标明危险品的件数[8.2.2]	☐	☐	☐
包装件或 OVERPACK			
28．包装符合包装说明，无破损和泄漏	☐	☐	
29．交付的包装件及 OVERPACK 的数量及类型与托运人申报单中所注明的相同[9.1.3]	☐	☐	
标记			
30．UN 规格包装，按 6.0.4 和 6.0.5 的要求做标记			
一符号和规格代号	☐	☐	☐
一X、Y、Z 与包装等级/包装说明一致	☐	☐	☐
一不超过最大毛重（固体、内包装或 IBCs[SPA179]）	☐	☐	☐
一感染性物质的包装标记[6.5.3.1]	☐	☐	
31．UN/ID 编号[7.1.4.1（a）]	☐	☐	
32．运输专用名称包括必要时的技术名称[7.1.4.1（a）]	☐	☐	
33．托运人及收货人的姓名和地址全称[7.1.4.1（b）]	☐	☐	

续表

34. 所有类别的货物（除 ID8000 和第 7 类），在多于一个包装件时，包装件上标注净

数量或必要时后跟"G"所表示的毛重，除非内容相同[7.1.4.1（c）]　□　□　□

35. 固体二氧化碳（干冰），包装上标注净重[7.1.4.1（d）]　□　□　□

36. 对《危险品规则》中 6.2 项感染性物质，责任人的姓名及电话[7.1.4.1（e）]　□　□　□

37. 包装说明 202 所要求的特殊标记[7.1.4.1（f）]　□　□　□

38. 有限数量包装件标记[7.1.4.2]　□　□　□

39. 环境危害物质标记[7.1.5.3]　□　□　□

标签

40. 主要危险性标签，依据危险品品名表中 D 栏[7.2.3.2；7.2.3.3（b）]　□　□

41. 依据危险品品名表中 D 栏，次要危险性标签粘贴在主要危险性标签旁

[7.2.3.2；7.2.6.2.3]　□　□　□

42. 仅限货机标签，与危险性标签毗邻且粘贴在同一侧面上[7.2.4.2；7.2.6.3]　□　□　□

43. "方向"标签，如适用粘贴在相对的两个侧面上[7.2.4.4]　□　□　□

44. "冷冻液体"标签，如适用[7.2.4.3]　□　□　□

45. "远离热源"标签，如适用[7.2.4.5]　□　□　□

46. "锂电池"标签，如适用[7.2.4.7]　□　□　□

47. 正确粘贴上述所有标签[7.2.6]，且去除无关的标记及标签[7.1.1；7.2.1]　□

关于 OVERPACK

48. 包装使用的标记、危险性标签及操作标签必须清晰可见，否则需要重新书写或

粘贴在 OVERPACK 的表面[7.1.7.1，7.2.7]　□　□　□

49. 如果所有标记和标签不可见，则需有"OVERPACK"字样[7.1.7.1]　□　□　□

50. 当托运的 OVERPACK 超过一个时，标识标记和危险品的总数量[7.1.7.2]　□　□　□

一般情况

51. 国家及经营人差异均符合[2.8]　□　□　□

52. 仅限货机的货物，所有航段均由货运飞机运输　□　□　□

53. 对于 IB 的锂电池，"锂电池文件"与所需要的信息随附货物运输[8.1.6.11.7]　□　□　□

意见：_____

_____

检查人：_____

地点：_____　签字：_____

日期：_____　时间：_____

如果任何一项为"否"，工作人员不得收运该货物，并将一份填写好的检查单的副本交给托运人。

表 7-15　干冰（固体二氧化碳）收运检查单

2016 干冰（固体二氧化碳）收运检查单

（在不需要托运人危险品申报单时使用）

　　托运所有的危险品都应当使用检查单，以确保进行正确的收运检查。当干冰为自带包装或与其他非危险品一起托运时，托运人和承运人可使用以下的检查单来收运干冰。

下列各项内容是否正确？

文件　　　　　　　　　　　　　　　　　　　　　　　　　是　　否*　　　不适用

在航空货运单的"货物性质和数量"（8.2.3）栏中应包含以下信息：

1. UN 编号，"1845"前冠以 UN 字样　□　□

2. "固体二氧化碳" 或 "干冰" 的字样 　☐ ☐

3. 干冰包装件数量（当托运的货物中仅有干冰包装件时，件数可以是货运单件数栏内的）

　☐ ☐

4. 以千克为单位的干冰的净重 　☐ ☐

注：包装说明号 "954" 为可选。

数量

5. 每个包装件中的干冰在 200 千克以下（4.2） 　☐ ☐

包装件及 OVERPACK

6. 货运单上注明的托运的含有干冰的包装件的数量与实际相符 　☐ ☐

7. 包装件无破损且适宜托运 　☐ ☐

8. 包装件应符合包装说明 954，且包装件上有排气孔 　☐ ☐

标记和标签

9. UN 编号，"1845" 号码前应冠以 "UN" 字样[7.1.4.1（a）] 　☐ ☐

10. "固体二氧化碳" 或 "干冰" 的字样[7.1.4.1（a）] 　☐ ☐

11. 托运人和收货人的全名和详细地址[7.1.4.1（b）] 　☐ ☐

12. 每个包装件中干冰的净重[7.1.4.1（d）] 　☐ ☐

13. 粘贴第 9 类标签[7.2.3.9] 　☐ ☐

14. 清除或涂去无关的标记和标签[7.1.1（b）；7.2.1（a）] 　☐ ☐ ☐

注：标记和标签不适用于含有干冰的 ULDS

关于 OVERPACK

15. 包装使用的标记、危险性标签及操作标签必须清晰可见，否则需要重新书写或粘贴在

OVERPACK 的表面[7.1.7.1，7.2.7] 　☐ ☐ ☐

16. 如果所有标记和标签不可见，则需有 "OVERPACK" 字样[7.1.7.1] 　☐ ☐ ☐

17. 固体二氧化碳（干冰）的总净重标注在 OVERPACK 上[7.1.7.1] 　☐ ☐ ☐

注：标记与标签的要求不适用于含有干冰的 ULDS

国家和经营人差异

18. 符合国家和经营人差异[2.8] 　☐ ☐ ☐

意见：_____

_____

检查人：_____

地点：_____ 签字：_____

日期：_____ 时间：_____

*如果任何一项为 "否"，工作人员不得收运该货物，并将一份填写好的检查单的副本交给托运人。

第四节　特种货物机长通知单

当危险品作为货物运输时，应填写 "特种货物机长通知单"，该文件主要涉及危险品的内容说明、航空器的装载位置、危险等级和数量限制等，具体填写要求如下。

一、危险品相关栏目的填写

（1）Station of Unloading：卸货站名称，使用国际航协规定的城市或机场三字代码。

（2）Air Waybill Number：货运单号码。

（3）Proper Shipping Name：危险品运输专用名称。

（4）Class or Division for Class 1，Compatibility Group：危险品类别或项别。如果是第 1 类爆炸品，要求注明配装组。

（5）UN or ID Number：UN 或 ID 编号。

（6）Subsidiary Risk：次要危险性。

（7）Number of Packages：危险品包装件的数量。

（8）Net Quantity or Transport Index Per Package：每个包装件的净重，如果运输放射性物质则填写运输指数。

（9）Radioactive Category：填写放射性物质包装等级及标签颜色。

（10）Packing Groups：危险品包装等级。

（11）Code：危险品三字代码。

（12）CAO：仅限货机运输，如适用，在此栏内标注"×"。

（13）Loading ULD ID：装有危险品的集装器的编号。

（14）Loading Position：危险品的装机位置。

二、特种货物机长通知单

特种货物机长通知单见表 7-16。

表 7-16　SPECIAL LOAD NOTIFICATION TO CAPITION(NOTOC)

特种货物机长通知单

装机站 Station of Loading	航班号 Flight Number	日期 Date	机号 Aircraft Registration						填表人 Prepared by			装机 Locdet	
危险品 DANGEROUS GOODS													
卸机站 Station of Uoloading	货运单号码 Air Waybih Number	专用运输名称 Proper Shipping Name	类别或项别 第一类的 Class or Division For Class 1 Compat.Grp	编号 UN or ID Number	次要 危险性 Sub Risk	包装 件数 Number or Packages	每件净重或 运输指数 Net quantity or Transp.Ind. Per package	放射性物品 等级分类 Radioactive Mat.Categ.	包装 等级 Packing Group	代码 Code (see reverse)	仅限 货机 CAO (X)	集装器 号 ULDID	位置 Position

本航空器所装载的危险品的包装/容器均无损坏或渗漏现象

There is no evidence that any damaged of leaking package containing danget ous goods have been loaded on the aircraft

其他特种货物 OTHER SEPCIAL LOAD

卸机站 Station of Unload	货运单号 Air Waybill Number	货运品名 Contents and Description	包装件数 Number of Packages	数量 Quantity	补充说明 Supple mentary Information		代码 Code (see reverse)	装机 Loadet	
								集装器号 ULDID	位置 Position
				温度要求 TEMPERATURE REQUIREMENTS Herting required for ° C Cooling required for ° C (Specify)					

其他说明及要求
Other Information

装机负责人签字　　　　　　　　　机长签字

Loading Supervision's Signature　　　　Captain's Signature

本 章 小 结

本章讲述的主要内容为托运人在运输危险品时应准备的危险品申报单、航空货运单的填制方法，承运人在收运时如何通过危险品收运检查单检查危险品，必须确保危险品包装件的各项内容均通过检查。

自 我 检 测

1. 哪些危险品在航空运输时无须准备危险品申报单？

2. 运输 Gas oil 时，应在航空货运单的操作说明栏内填写什么内容？

3. 已知货物 Dioxolane，1 个纤维板箱，净重 3L，准备用客机由北京运往法兰克福，货运单号码 999－12345675，托运人及收货人信息如下：

Shipper: ABC Chemicals Co.LTD. Airport Road Beijing CHINA

Consignee: H. Robinson Co.Ltd.Central Laboratory Speyer Am Neuen Resinhafen 12 A D－67346 Speyer Germany

根据以上资料，请完成以下内容：

（1）危险品申报单；

（2）该包装件的标记和标签。

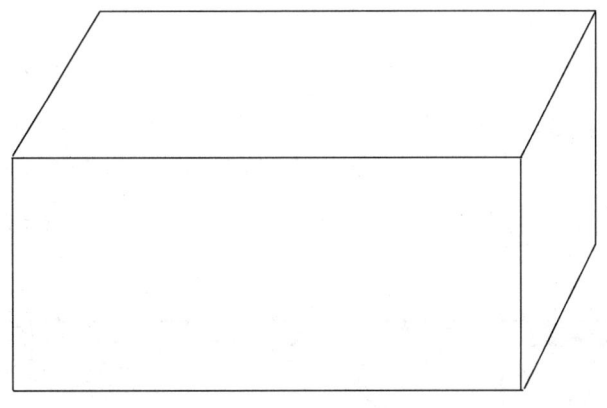

SHIPPER'S DECLARATION FOR DANGEROUS GOODS

Shipper	Air Waybill No.
	Page of Pages
	Shipper's Reference Number
	(optional)
Consignee	*For optional use for Company logo name and address*

Two completed and signed copies of this Declaration must be handed to the operator.	**WARNING**
TRANSPORT DETAILS	Failure to comply in all respects with the applicable Dangerous Goods Regulations may be in breach of the applicable law, subject to legal penalties.

TRANSPORT DETAILS

This shipment is within the limitations prescribed for: *(delete non-applicable)*	Airport of Departure:
PASSENGER AND CARGO AIRCRAFT | CARGO AIRCRAFT ONLY	

Airport of Destination:

Shipment type: *(delete non-applicable)*
NON-RADIOACTIVE | RADIOACTIVE

NATURE AND QUANTITY OF DANGEROUS GOODS

Dangerous Goods Identification						
UN or ID	Proper Shipping Name	Class or Division (Subsidiary	Pack-ing Group	Quantity and type of packing	Packing Inst.	Authorization

Additional Handling Information

I hereby declare that the contents of this consignment are fully and accurately described above by the proper shipping name, and are classified, packaged, marked and labelled/placarded, and are in all respects in proper condition for transport according to applicable international and national governmental regulations. I declare that all of the applicable air transport requirements have been met.	Name/Title of Signatory Place and Date Signature *(see warning above)*

第八章 民航危险品的收运

引　言

　　托运人按照《危险品规则》要求进行危险品的分类、识别、包装、粘贴标记和标签、填制危险品运输文件，将包装件和相关文件提交承运人，承运人进行危险品的收运。为了更好地处理危险品的运输，以及识别普通货物中的危险品，经营人收运人员必须经过适当培训，经营人收运人员应针对收运的危险品，从各方面逐项检查，确保每项均符合要求，适合于航空运输方可收运。因此，危险品收运是危险品安全航空运输的重要保证。

　　本章我们将学习以下知识。

　　（1）危险品的收运规定。

　　（2）危险品的存储。

　　（3）危险品的装载。

第一节　危险品的收运规定

一、收运一般规定

　　（1）托运人托运危险品需遵守我国政府和国际有关法律、法规、承运人规定等。

　　（2）航空运输中，危险品的包装、数量限制、打包方法、标记及标签必须符合《危险品规则》的要求。

　　（3）托运人必须根据货物的特点准备齐全的文件，如鉴定报告书、物质安全技术数据（MSDS）、综合保证函、包装性能单等。

　　（4）危险品收运人员必须依照公司手册的相关规定接受专职培训和定期复训。

　　（5）对于危险品使用的 UN 规格包装，必须依据《危险品规则》的相关规定，检查该包装是否具有包装检测机构出具的包装性能测试报告。危险品使用的非 UN 规格包装，即限量包装的生产和测试，必须符合《危险品规则》规定的限量包装的测试标

准。限量包装与 UN 规格包装一样，托运人必须提供专业包装检测机构出具的包装性能测试报告。

（6）收运人员应参照《危险品规则》中国家及承运人差异及《航空货物运输手册》规则部分的国家及承运人信息，注意查阅危险品运输的经停站和目的站国家及续程承运人的不同规定。

（7）经营人不得收运含危险品的包装件或合成包装件或装有危险品的集装器或货物集装箱，下列物品除外：

① 放射性物品专用货箱；

② 按包装说明 Y963 准备的 ID8000 日用消费品的集装器或其他类型货盘；

③ 按包装说明 954 准备的作为非危险品的制冷剂的 UN1845 固体二氧化碳的集装器或其他类型货盘；

④ UN2807，磁性物质；

⑤ UN3373，根据 PI650 准备的生物物质 B 级；

⑥ UN3245，根据 PI959 准备的转基因微生物及转基因生物；

⑦ 锂离子或锂金属电池芯及电池，符合 PI965、966、967、969、970 第Ⅱ部分规定；

⑧ UN3164，根据 PI208（a）准备的液压制品或气压制品；

⑨ 不要求危险品申报单的例外数量危险品；

⑩ 放射性物质例外包装件。

（8）除非附带两份（及以上）托运人危险品申报单或等效替代文件，否则，公司不收运装有危险品的包装件或合成包装件，或有上述危险品的集装箱或其他类型的集装板，也不得收运装有放射性物质的专用集装箱。

二、收运程序

（1）所有办理危险品运输的托运人及代理人都必须经过民航主管部门资格认定后才可托运危险品；未备案认可的托运人或代理人承运人有权拒绝收运其物品。

（2）收运人员必须依照危险品收运检查单逐项进行检查。只要托运人危险品申报单及其他相关文件、包装、标志、标签等有一项不符合要求，就应拒绝收运。如果拒绝收运，应将托运人危险品申报单和危险品收运检查单各一份随附货物退给托运人。退回的托运人危险品申报单不得重新使用。托运人对于不符合要求的文件或货物包装可重新进行准备。

（3）货物收运人员必须向托运人确认所有怀疑物品均非危险品。经过核查，对于完全符合规定并且完全具备收运及运输条件的危险品可以收运。

（4）托运人应预订全程航班、日期、吨位，并将航班号、日期、经停站机场等信息通知给收货人；如需要，托运人应提供 24 小时紧急电话。

（5）危险品使用适用的普通货物运价（GCR）进行收费。除运费外，承运人对托运人所托运的危险品进行检查，按照空运货物运价表（TACT）规则中的规定还应收取危险品收运检查费（RAC），中国始发至 IATA 各区收取 CNY650/票运单。作为非危险货物冷冻剂的固体二氧化碳，免收危险品收运检测费。

（6）收运检查单（Check List）的使用（检查单样式见附录四）：当一票货物含有危险品包装件或合成包装件或装有放射性物品的专用货箱或集装器或其他种类的托盘，且是第一次收运为航空运输的，经营人必须使用检查单核对下列各项：

① 相关文件已遵循第 1～9 类危险品的详细要求。

② 在托运人危险品申报单上所述危险品的数量，在客机或货机上装运的每个包装件的限量以内。

③ 包装件、合成包装件或放射性专用货箱上的标记符合随附托运人申报单上所说的细节，而且清晰可见。

④ 如需要，检查包装等级设计类型已成功通过试验的包装规格标记中的字母对所含危险品是否适当。此条不适用于规格标记不可见的合成包装件。

⑤ 出现在内部包装件上的运输专用名称、UN 编号、标签和特殊操作说明清楚可见或被复制在合成包装件的外侧。

⑥ 包装件、合成包装件或放射性专用货箱上的标签已按照要求粘贴。

⑦ 组合包装的外包装或单一包装为适用的包装说明所允许，并且当目测检查时，与随附危险品运输文件描述的包装类型一致。

⑧ 包装件、合成包装件不含按《危险品规则》表 9.3.A 需要隔离的不同的危险品。

⑨ 包装件、合成包装件或放射性专用货箱或集装器没有泄漏，且没有其完整性受到影响的迹象。

（7）收运检查单的使用注意事项。

① 当经营人接受集装器或其他类型货盘中含允许的消费品、干冰或磁性物质时，不需要上述使用中的③、⑤、⑦要求的检查单。

② 装在合成包装件或放射性专用货箱的包装件，检查单应对照合成包装件、放射性专用货箱或其他种类的货盘做出正确的标记和标签，而不是检查其中单个包装件的标记和标签的正确性。

③ 托运人危险品申报单或包装件标记中使用的运输专用名称若出现细微差异，如句号和逗号的省略，在不危及安全的情况下不视为错误，不成为拒绝收运货物的理由。

④ 例外数量的危险品、放射性物品的例外包装件、UN2807，根据包装说明 208（a）准备的 UN3164、UN3245、UN3373 及符合包装说明 PI965－970 第 II 部分的锂离子或锂金属电池芯及电池不需要收运检查单。

⑤ 本节规定在一票危险品作为空运第一次收运时实施，但后续使用的作为此次旅程的一部分的任何航空器的经营人应该对包装件、合成包装件、放射性物质专用货箱或集装器检查，以持续符合《危险品规则》关于标记、标签及破损情况检查的规定。

某些危险品不需要遵守上述的收运检查程序。表 8-1 可作为航空公司人员的服务指南。

表 8-1　适用的收运程序摘要

UN No	运输专用名称及/或描述	正式收运及收运检查单（9.1.2&9.1.3）	IATA 托运人危险品申报单（8.1）	集装器识别-ULD（9.3.8）	通知机长信息的规定（MOTOC）（9.5.1.1）	当使用货运单时，在货运单上声明（8.2.3,8.2.5和适用的PI）	锂电池操作标签及辅助文件（7.2.4.7.1）和适用的PI
N/A	例外数量危险品（2.6）	NO	NO	NO	NO	YES	N/A
UN 2807	磁性物质（无须批准 1）	NO	NO	NO	NO	YES	N/A
UN 2908	放射性物品例外包装件——空包装	NO	NO	NO	NO	YES	N/A
UN 2909	放射性物品例外包装件——贫化铀制品或天然铀或天然钍	NO	NO	NO	NO	YES	N/A
UN 2910	放射性物品例外包装件——例外数量物质	NO	NO	NO	NO	YES	N/A
UN 2911	放射性物品例外包装件——仪器或制品	NO	NO	NO	NO	YES	N/A
UN 3090	锂金属电池（包括锂合金电池）符合 PI968 第 II 部分要求	NO	NO	NO	NO	YES	YES
UN 3091	锂金属电池与设备安装在一起（包括锂合金电池）符合 PI969 第 II 部分要求	NO	NO	NO	NO	YES	YES
UN 3091	锂金属电池与设备安装在一起（包括锂合金电池）符合 PI970 第 II 部分要求且超过 4 个电池芯或 2 个电池	NO	NO	NO	NO	YES	YES
UN 3091	锂金属电池与设备安装在一起（包括锂合金电池）符合 PI970 第 II 部分要求且不超过 4 个电池芯或 2 个电池	NO	NO	NO	NO	NO	NO
UN 3164	液压制品含非易燃气体且符合 PI208（a）要求	NO	NO	NO	NO	YES	N/A
UN 3164	气压制品含非易燃气体且符合 PI208（a）	NO	NO	NO	NO	YES	N/A
UN 3245	基因变异微生物或基因变异生物	NO	NO	NO	NO	YES	N/A
UN 3373	生物物质，B 级	NO	NO	NO	NO	YES	N/A
UN 3480	锂离子电池（包括锂聚合物电池）符合 PI965 第 II 部分要求	NO	NO	NO	NO	YES	YES
UN 3481	锂离子电池与设备包装在一起（包括锂聚合物电池）符合 PI966 第 II 部分要求	NO	NO	NO	NO	YES	YES
UN 3481	锂离子电池与设备包装在一起（包括锂聚合物电池）符合 PI967 第 II 部分要求且超过 4 个电池芯或 2 个电池	NO	NO	NO	NO	YES	YES
UN 3481	锂离子电池与设备包装在一起（包括锂聚合物电池）符合 PI967 第 II 部分要求且不超过 4 个电池芯或 2 个电池	NO	NO	NO	NO	NO	NO

（注：表 8-1 来自《危险品规则》表 9.1.A。）

三、收运几种危险品的特殊要求

1．感染性物质

（1）该种货物无论使用何种运输方式，都必须选择最快的路线。当需要转运时，必须采取相应的预防措施，保证在中转过程中能给予特殊监控和进行快速作业。

（2）被故意感染和已知或被怀疑含有感染性物质的活体动物都不得空运，除非其所含有的感染性物质不能通过其他的方法进行托运。受感染的动物只能按照国家主管部门批准通过的条款来进行运输。

2．《危险品规则》中4.1项的自反应物质和5.2项的有机过氧化物

在运输过程中，装有《危险品规则》中4.1项的自反应物质和5.2项的有机过氧化物的包装件或集装器必须屏蔽直射阳光并存储于通风良好、远离一切热源的区域，不能与其他货物码垛在一起。

3．集运货物

（1）集运货物是由一个以上的托运人中的每个人与一非定期航班经营人签订运输契约，将托运的多件货物集合为一批（票）货物的运输。这种运输的契约条件可与定期航班经营人签订的同一运输契约条件相同或不同。

（2）危险品可与不受《危险品规则》的物品集运，收运集运的危险品必须按照收运检查单来办理检查手续，在收运检查时，任何差错造成的延误将导致整批集运货物的延误。

（3）集运的危险品必须按《危险品规则》进行识别、分类、包装、标记和标签、填写有关文件，且包装件应无破损和渗漏迹象。

（4）交给经营人集运货物时，装有危险品的包装件或合成包装件，必须与不受《危险品规则》限制的普货分开。除非按《危险品规则》的特殊要求办理，否则不得收运装于集装器内集装的危险品。

（5）每票分运单的危险品都需要一份托运人危险品申报单。

（6）集运货物如包含任何"仅限货机"的危险品，则必须在货机上托运。

4．消费品警告

某一物品或包装件可能附有警告符号或消费品危险性标签。该包装件中的物品或物质可以不必符合第三章的分类标准。作为"Not Restricted（不受限制）"包装件收运之前，如需要，应从托运人处获得详细说明。

第二节　危险品的存储

一、危险品仓库或存放区域

危险品专用的仓库必须经消防部门和安全生产监督部门批准许可。危险品的包装件及合成包装件应存放在专门设计的危险品仓库中，并按其危险性的不同的类别、项别分别放置在不同的库房中。

（1）危险品仓库管理部门必须制定完备、有效的规定和措施，切实做好仓库的防火、防盗、防鼠、防水、防冻等工作；

（2）危险品仓库或存放区应保持整齐清洁、干燥卫生，必须有安全、充足的照明设施；

（3）危险品仓库或存放区应通风良好，无阳光直射，远离各种热源，夏季温度不宜过高；

（4）危险品仓库内外明显位置应有应急电话号码；

（5）危险品仓库内还应配备必要的报警设施；

（6）危险品仓库的每个库房必须有相应的通风设施，以有效地消除危险品散发出的化学物品气味；

（7）根据消防部门要求，危险品仓库应配备个人专用防护用品，如防护服、防毒面具、工作帽、靴鞋、胶皮手套等；

（8）危险品仓库必须保证水源及一定数量的各类灭火瓶和沙土，以备在发生不正常情况时，能够及时采取措施；

（9）对于存放第 7 类放射性物质的仓库，其墙壁及仓库大门必须在一定程度上具有降低放射性物质辐射水平的功能；

（10）危险品仓库或存放区附近区域严禁使用明火、严禁吸烟；

（11）加强安保措施，非授权人员不得进入危险品仓库或存放区。

二、危险品的存放要求

危险品的包装件应在专门设计的库房中存放，如果在普通货物的库房中存储，必须放在指定区域以便集中管理，这一区域必须设有明显标志，必须有明显的隔离设施。

（1）性质相互抵触的危险品包装件在仓库的存放，必须符合表 8-2 包装件的隔离表的隔离原则；包装件在任何时候不得相互抵触或相邻放置，在仓库中存储时应有 2m 以上的间隔距离，危险品包装件库房存储如图 8-1 所示。

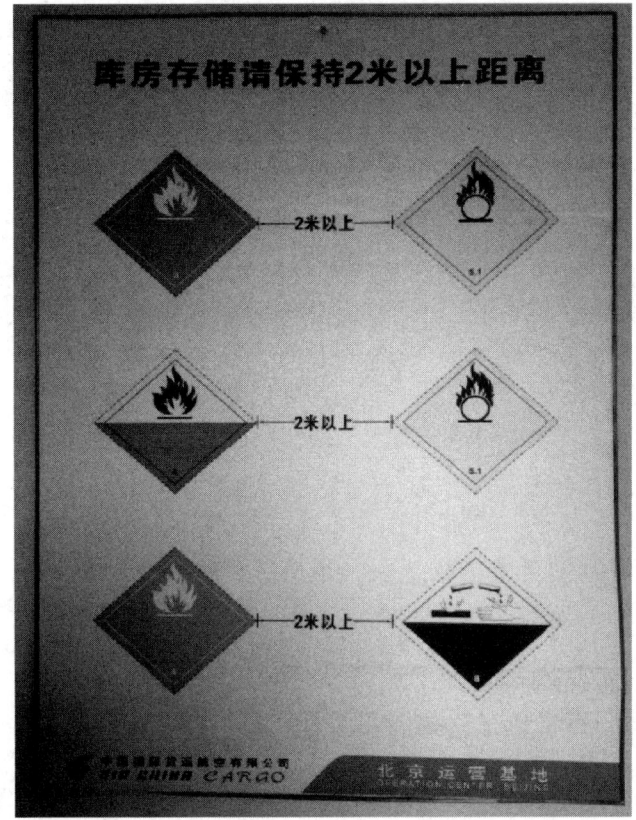

图 8-1　危险品包装件库房存储

（2）操作人员应按照轻拿轻放原则和请勿倒置原则搬运和存放危险品包装件。

（3）入库的货物应小心轻放，方向性标签向上，标记和标签朝外，能够清楚看见危险品标志。

（4）需要冷藏冷冻的危险品可放入冷库的指定区域。

表 8-2　包装件的隔离表

类/项	1（不包括 1.4S）	2	3	4.2	4.3	5.1	5.2	8
1（不包括 1.4S）	注	×	×	×	×	×	×	×
2	×	—	—	—	—	—	—	—
3	×	—	—	—	—	×	—	—
4.2	×	—	—	—	—	×	—	—
4.3	×	—	—	—	—	—	—	×
5.1	×	—	×	×	—	—	—	—
5.2	×	—	—	—	—	—	—	—
8	×	—	—	—	×	—	—	—

（注：表 8-2 来自《危险品规则》表 9.3.A。）

说明：

（1）在行和列的交叉点注有"×"，表明装有这些类/项的危险品的包装件必须相互

隔开。若在行和列的交叉点注有"—",则表明装有这些类/项的危险品包装件无须隔离。

（2）表中未包含的《危险品规则》中 1.4S、4.1、6、7、9 项无须与其他类别的危险品隔离。

（3）注：《危险品规则》中 1.4B 项的爆炸品不得与 1.4S 项以外的其他爆炸品装在一起。当 1.4B 项爆炸品与 1.4S 项以外的其他爆炸品装载在同一飞机中时，必须分别装载在不同的集装器内，装机时集装器之间必须由其他货物分隔开并保持最小距离 2 米。如不使用集装器装载，1.4B 项必须与其他的爆炸品装载在不同且不相邻的位置之间用其他货物隔离最小 2 米的距离。

三、几种危险品的存放要求

1. 压缩气体钢瓶

压缩气体钢瓶可以直立放在瓶架上，也可以平放在干燥的地面上，但不可倒置。气体钢瓶在平放时，必须用三角木卡牢，以免滚动。多个钢瓶存放时，钢瓶的首尾朝向要一致，并应避免将瓶口指向人多的地方。库房温度高于 35℃时，应采取降温措施。

2. 自反应物质与有机过氧化物的包装件

自反应物质与有机过氧化物的包装件，必须避免阳光直射，应放在远离任何热源且通风良好的地方。

3. 深冷液化气体中液氮罐的存储

（1）液氮罐必须保持直立、箭头向上；

（2）液氮罐数量较多时，如果放置于密封空间内，应注意通风以防窒息。

4. 放射性物质的包装件

Ⅱ级－黄色和Ⅲ级－黄色的放射性物质包装件、合成包装件及集装箱，无论在什么地方摆放，每堆货物的总运输指数不得超过 50。任意两堆货物之间的距离至少保持 6 米。

第三节　危险品的装载

一、装载原则

在危险品运输的各个环节中，操作的正确性是保障安全的关键。操作危险品应遵循以下基本原则：预先检查原则、请勿倒置原则、轻拿轻放原则、隔离原则、可接近性原则、固定原则。

1. 预先检查原则

危险品的包装件在组装集装器和装机之前，必须进行认真检查，包装件在完全符

合要求的情况下，才能继续后续作业。检查的内容如下。

（1）外包装无漏洞，无破损；包装件无气味，无任何泄漏及损坏的可疑现象；

（2）包装件上的危险性标签和作业标签正确无误、粘贴牢固；

（3）包装件上的文字标记，书写要正确，字迹要清楚。

2. 请勿倒置原则

装有液体危险品的包装件均应按要求贴有"向上"标签，作业人员在搬运、存储、装卸过程中，需按标签的指向保持向上。

3. 轻拿轻放原则

在搬运或装卸危险品包装件时，无论是人工操作还是机械操作，都须轻拿轻放，切忌磕、碰、摔、撞。

4. 隔离原则

为了保证人员和货物的完好，某些危险品和人之间，某些不同类别的危险品之间，某些危险品和其他非危险品之间，在存储和装载中均须隔离。

彼此能产生危险反应的危险品的包装件不可以在飞机上靠在一起码放，或使码放位置有可能因渗漏而相互发生反应。隔离要求的应用是以包装件上所属的危险性为基础的，必须遵照《危险品规则》表9.3.A中所列的隔离要求。

5. 可接近性原则

在存储或飞行中，仓库管理人员或机组人员能够看见并易于接近这种包装件。在必要时，上述人员可以用手随时将其搬开。

6. 固定原则

危险品装入机舱后，必须防止损坏；装载人员应将危险品在机舱内固定住，以免在飞行中滑动或倾倒。

二、装载要求

除旅客和机组可以携带的危险品外，一般不能将危险品装入飞机驾驶舱和客舱。满足适航性要求安装在飞机上或在飞机上使用或销售的危险品除外。若客机的主货舱符合B级或C级飞机货舱的所有适航标准，则可以将危险品装入该货舱。带有"CAO"标签的危险品，不得用客机运输。

1. 含危险品集装器的装载

每个装有需要粘贴危险性标签的危险品的集装器，都必须使用识别标牌清晰地标示该集装器内装有危险品。当危险品卸载后，识别标牌必须立即从集装器上去掉；当放入保护套时，识别标牌必须清晰可见；如果集装器内含有粘贴"仅限货机"标签的

包装件，识别标牌必须指明此集装器必须装入货机。

2．磁性物质的装载

磁性物质应装载在不影响飞机的罗盘指向的位置上。根据包装说明 953 所描述的在批准条件下运输的磁性物质，其装载需符合主管部门批准的特定条件。

3．干冰的装载

干冰对于活体动物存在危险性，活体动物不得靠近低温液体或固体二氧化碳装载，由于干冰释放的蒸气比空气重，这些蒸气会集中在货舱底层。经营人应根据机型、飞机通风率、干冰包装与码放方法等因素，事先做好合理安排。

4．低温液体的装载

经营人根据机型可适当安排可运输在开放或封闭的低温容器中的含有液化冷冻气体的包装件。经营人应通知地面工作人员，含有低温液体的包装件已装载在飞机上，并提出相应警示，以保证装载人员在进入飞机货舱前货舱门开启并释放所有积压气体。

5．作为托运行李的轮椅或其他电池驱动的移动辅助工具的装载

（1）装载非密封型电池的轮椅或以电瓶驱动的代步工具，在装载、码放、固定和卸下时，轮椅或代步工具的方向始终朝上，电池处于断路，电极绝缘，电瓶牢固地安装在轮椅或代步工具上。若不能保证轮椅或代步工具的方向始终朝上，需将电池卸下，电池按危险品包装后运输。装载非密封型电池的轮椅或以电瓶驱动的代步工具需要运营人批准，并通知机长。

（2）装载密封型电池的轮椅，电池已做防短路保护，电池牢固地固定在轮椅或助行器上，电路已断开；轮椅或其他电动助行器应固定。装有可拆卸的电池必须取下，电池需做好包装防止短路并通知机长电池装载的位置，同时在轮椅及电池上贴上如图 8-2 所示的标签。

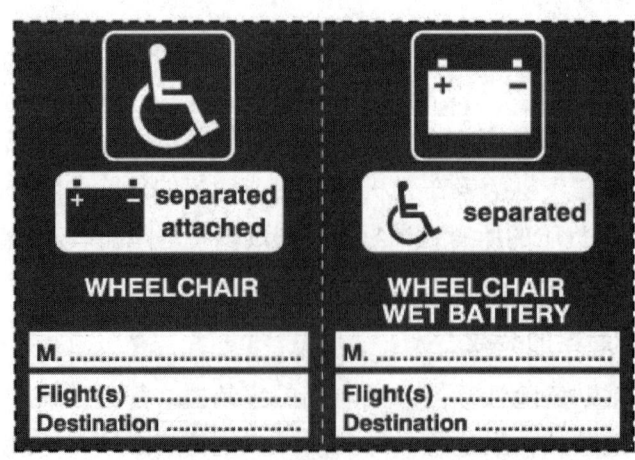

图 8-2　电池驱动的轮椅和移动辅助工具标签

三、装载注意事项

当受《危险品规则》要求限制的危险品装上飞机后，经营人必须保护该危险品包装件使其不被损坏，包括在行李、邮件、经营人物资或其他货物移动的情况下不损坏。尤其必须注意在运输过程中对包装件的操作、装运的飞机类型及装载所要求的方法，以避免由于拖曳或不正确操作产生的意外损坏。

经营人必须将危险品正确固定在飞机上，防止任何移动，含有放射性物品的包装件或合成包装件，其固定方式必须确保在任何时候都符合隔离要求。

1．破损的危险品包装件

（1）经营人必须保证包装件或合成包装件在装上飞机或集装器前已检查并证实没有可见的渗漏或损坏，否则不得装运。

（2）集装器在装上飞机前，必须接受检查并确认其所装载的危险品无任何泄漏或破损的迹象。

（3）任何出现破损或泄漏的包装件必须从飞机内卸下并做安全处置。一旦出现泄漏，经营人必须确保其余的货物没有破损，且其他的包装件、行李或货物未受污染。

（4）从飞机或集装器卸下含有危险品的包装件或合成包装件时必须检查是否有破损或渗漏现象，如果有破损或渗漏迹象，则必须检查飞机上堆放过该危险品或集装器的位置是否有损坏或污染，并清除遗留下来的任何危险性污染。

2．感染性物质破损件

任何负责运输含感染性物质包装件的人员如果发现该包装件有破损或渗漏，则必须遵守以下规定。

（1）避免移动或尽可能少地移动该包装件。

（2）检查相邻包装件的污染情况，将可能已污染的包装件分开放置。

（3）通知相关的公共卫生主管机构或兽医机构，向该货物经过的其他国家提供关于接触过该包装件的人员可能受到危险污染的信息。

（4）通知托运人和（或）收货人。

3．受污染货物或行李的处置

如果经营人发现未做内含危险品标识的货物或行李受到了污染，并且怀疑是危险品导致了污染，经营人必须在装载受污染的货物或行李前采取合理的步骤来认定污染的性质及其来源。如果发现或怀疑污染物质是被《危险品规则》划分为危险品的物质，经营人必须隔离这些行李或货物并在其继续空运前采取适当的措施排除任何已确定的危险性。

本 章 小 结

　　本章主要讲述了承运人在收运、储存危险品过程中应注意的事项，收运危险品的原则及装载的相关要求，破损包装件的处理方法。承运人需遵守有关法律、法规要求，按照危险品运输手册履行职责，确保危险品安全航空运输。

自 我 检 测

1．性质相抵触的危险品固定在集装板上时，两者的间距至少为＿＿＿＿＿＿米。

2．贴有仅限货机标签的包装件是否可以在客机上装载？

3．下列危险品包装件能紧挨着装载吗？

（1）《危险品规则》中 6.1 项危险品和第 3 类危险品；（可以/不可以）

（2）《危险品规则》中 4.3 项危险品和第 8 类危险品；（可以/不可以）

（3）《危险品规则》中第 3 类危险品和第 8 类危险品；（可以/不可以）

（4）《危险品规则》中 5.1 项危险品和第 3 类危险品。（可以/不可以）

4．下列货物包装件能紧挨着装载吗？

（1）《危险品规则》中 6.1 项危险品和活体动物；（可以/不可以）

（2）《危险品规则》中第 7 类危险品和食品；（可以/不可以）

（3）干冰和种蛋。（可以/不可以）

第九章　放射性物质

引　言

　　大家都听说过居里夫人吗？知道居里夫人和镭的故事吗？居里夫人终身研究放射性现象，发现镭和钋两种天然放射性元素，被称为"镭的母亲"，发明了分离放射性同位素技术。在居里夫人的带领下，人类首次将放射性同位素用于治疗癌症。那么放射性物质会对人体造成伤害吗？放射性物质能不能航空运输呢？我们一起来学习吧。

　　本章我们将学习以下知识。

　　（1）放射性物质的识别。

　　（2）放射性物质的包装。

　　（3）放射性物质的标记和标签。

　　（4）放射性物质的运输文件。

　　（5）放射性物质的操作。

第一节　放射性物质的识别

一、活度的确定

　　度量放射性同位素强弱程度的物理量称为放射性物质的活度，是指每秒原子衰变的平均次数，单位为贝克勒尔（Bq）或居里（Ci）。对于装有放射性物质的包装件，其活度限制根据"特殊形式"放射性物质的活度值和"其他形式"放射性物质的活度值确定。特殊形式物质的活度值定为 A_1，其他形式的活度值定为 A_2。大多数放射性核素的 A_1、A_2 值列于《危险品规则》表 10.3.A 中。放射性物质是指含有放射性核素的任何物质，货物中的活度浓度和总活度均高于 A_1 或 A_2。

二、放射性物质运输专用名称

根据《危险品规则》中 10.4.B 表可以选择合适的运输专用名称，放射性物质运输专用名称如下：

UN2908 放射性物质，例外包装件，空包装；

UN2909 放射性物质，例外包装件，贫化铀制品；

UN2909 放射性物质，例外包装件，天然钍制品；

UN2909 放射性物质，例外包装件，天然铀制品；

UN2910 放射性物质，例外包装件，限量物品；

UN2911 放射性物质，例外包装件，制品；

UN2911 放射性物质，例外包装件，仪器；

UN3057 六氟化铀，放射性物质，例外包装件，每包装小于 0.1kg，非裂变或例外裂变。

UN2912 放射性物质，低比度放射性（LSA－I），非裂变或例外裂变；

UN3321 放射性物质，低比度放射性（LSA－Ⅱ），非裂变或例外裂变；

UN3324 放射性物质，低比度放射性（LSA－Ⅱ），裂变；

UN3322 放射性物质，低比度放射性（LSA－Ⅲ），非裂变或例外裂变；

UN3325 放射性物质，低比度放射性（LSA－Ⅲ），裂变；

UN2913 放射性物质，表面污染物体（SCO－I），非裂变或例外裂变；

UN2913 放射性物质，表面污染物体（SCO－Ⅱ），非裂变或例外裂变；

UN3326 放射性物质，表面污染物体（SCO－I），裂变；

UN3326 放射性物质，表面污染物体（SCO－Ⅱ），裂变；

UN2915 放射性物质，A 型包装，非特殊形式，非裂变或例外裂变；

UN3327 放射性物质，A 型包装，裂变，非特殊形式；

UN3332 放射性物质，A 型包装，特殊形式，非裂变或例外裂变；

UN3333 放射性物质，A 型包装，特殊形式，裂变；

UN2916 放射性物质，B（U）型包装，非裂变或例外裂变；

UN3328 放射性物质，B（U）型包装，裂变；

UN2917 放射性物质，B（M）型包装，非裂变或例外裂变；

UN3329 放射性物质，B（M）型包装，裂变；

UN3323 放射性物质，C 型包装，非裂变或例外裂变；

UN3330 放射性物质，C 型包装，裂变；

UN2919 放射性物质，特殊安排下的运输，非裂变或例外裂变；

UN3331 放射性物质，特殊安排下的运输，裂变；

UN2978 放射性物质，六氟化铀，非裂变或例外裂变；

UN2977 放射性物质，六氟化铀，裂变。

第二节　放射性物质的包装

放射性物质的包装要求随着所装的放射性核素的不同而变化。在所有情况下，都应考虑放射性辐射的问题；如果物质不是处于"特殊形式"的，则应考虑泄漏的可能性；如果物质是可裂变的，则应考虑临界危险性的可能。进一步考虑的因素，是如果放射性物品数量非常大，即活度很大，则应考虑由于辐射所产生的热量可能是可观的，这种情况下应考虑散热问题。

一、包装功能

放射性物质包装可提供的功能如下。

（1）密封容器功能：防止污染人与环境。

（2）辐射防护。

（3）防止核变：运输裂变物质。

（4）防止内部发热。

二、包装类型

放射性包装件的类型包括例外包装件、工业包装件、A 型包装件（TYPE A）、B 型包装件（TYPE B）、C 型包装件（TYPE C）。

1．例外包装件

在限量内的放射性物质、仪器、制成品和符合《危险品规则》有关规定的空包装，可作为例外包装件运输，但应符合下列条件：

（1）包装件表面任一点的辐射水平不超过 5μSv/h（0.5mrem/h），若例外包装件中含有裂变物质，还应符合有关裂变物质的规定，并且包装件的最小边尺寸不得小于10cm；

（2）在例外包装件的任一外表面的非固着放射性污染不超过相关限值；

（3）作为邮件运输时必须符合《危险品规则》的限制。

2．工业包装件

适用性：工业包装可用于低比活度（LSA）放射性物质和表面污染物体（SCO）的包装，LSA、SCO 物质不能无此包装运输。

根据《危险品规则》有关工业包装件的设计要求，分为：

（1）1 型工业包装件—TYPE IP－1；

（2）2 型工业包装件—TYPE IP－2；

（3）3 型工业包装件—TYPE IP－3。

3．A 型包装件（TYPE A）

A 型包装件是一种既安全又经济的包装，内装物的量相对较少。

（1）活度限制：当放射性物质的活度值及辐射水平超过例外包装件时使用 A 型包装。

A 型包装件所含放射性物质不得大于下列限制。

① 特殊形式的放射性物质的活度不大于 A_1。

② 所有其他形式的放射性材料的活度不大于 A_2。

（2）批准：A 型包装的设计在各方面必须符合 DGR 对 A 型包装和包装件的要求。A 型包装的设计不要求国家主管部门批准，除非用来装裂变物质。如果是特殊形式的放射性物质，则还需要特殊形式放射性物质的批准。

4．B 型包装件（TYPE B）

在发生事故的情况下，B 型包装件是仍能保证安全的放射性物质包装件，数量限制见批准证书。B 型包装件分为 B（U）型和 B（M）型，其中 B（M）型包装件禁止用客机运输。

（1）活度限制，B 型包装件不得含下列内容。

① 活度超过包装件设计许可的限值。

② 放射性核素与包装件设计许可上所列的核素不同。

③ 内装物的外形或物理、化学形态上，与包装件设计许可的物质不同。

（2）单方批准，每个 B（U）型包装件的设计都需要单方批准，即仅需始发国有关部门的批准，下列情况除外。

① 裂变物质的 B（U）型包装件需多方批准，即除始发国主管部门批准外，还需由包装件经过和到达的每个国家有关部门批准。

② 用于低弥散物质的 B（U）型放射性物质包装件需多方批准，即除始发国主管部门批准外，还需由包装件经过和到达的每个国家有关部门批准。

（3）多方批准：每个 B（M）型包装件都需要多方批准，即除始发国主管部门批准外，还需由包装件经过和到达的每个国家有关部门批准。

5．C 型包装件（TYPE C）

C 型包装件是为运输高活度放射性物质而设计的包装件，其测试要求比 B 型包装件更严格。如增加了强热试验的时间及穿透试验的高度。

（1）活度限制，C 型包装件不得含有下列内容。

① 活度超过包装件设计许可的限值。

② 放射性核素与包装件设计许可上所列的核素不同。

③ 内装物的外形或物理、化学形态，与包装件设计许可的物质不同。

（2）批准，每个 C 型包装件的设计都需要单方批准，即仅需始发国有关部门的批准，下列情况除外。

① 裂变物质的 C 型包装件需多方批准。

② 低弥散物质的 C 型包装件需多方批准。

三、活度限制——TYPE A 包装件

1. 已列出的单个放射性核素

常用放射性核素的 A_1 或 A_2 值见表 9-1。

表 9-1　常用放射性核素的 A_1 或 A_2 值

放射性核素	元素	A_1特殊形式（Special Form）/TBq	A_2其他形式（Other Form）/TBq	豁免物质的活度浓度限值（Activity Concentration for Exempt Material）/TBq	豁免货物的活度限值（Activity Limit for Exempt Consignment）/TBq
Ac－225	Actinium（89）	0.8	0.006	1×10^1	1×10^4
Ac－227		0.9	0.00009	1×10^1	1×10^3
Ac－228		0.6	0.5	1×10^1	1×10^6
AG－105	Silver（47）	2	2	1×10^2	1×10^6

（注：表 9-1 来自《危险品规则》表 10.3.A。）

例 9-1　放射性物质的符号 Ag－105，特殊形式活度值 2TBq，是否可采用 A 型包装？

参考答案：由表 9-1 可知，允许使用 A 型包装件。若包装件的活度值（A_1 或 A_2）超过表 9-1 的限制，则应考虑将放射性物质分成几个较小量的包装。否则，应考虑使用 B 型或 C 型包装件。

2. 未列出的单个放射性核素

对于种类已知，但未在《危险品规则》表 10.3.A 中列出的单个放射性核素，A_1 和 A_2 值的确定必须经过多方批准。

四、运输指数的确定

运输指数（TI）是分配给包装件、合成包装件或放射性专用货箱的单一数字，用于控制辐射暴露。运输指数也可用于确定标签的类别；确定是否需要按专载方式运输；确定在中转储存期间的空间间隔要求，以及确定一个放射性专用货箱内或一架飞机上

允许装有的包装件数量。

距放射性物品包装件 1m 处的剂量当量率为 0.01mSv/h 时，运输指数定义为 1.0。

例 9-2 如 1m 处 0.4mSv/h，则 TI＝40.0；

如 1m 处 0.02mSv/h，则 TI＝2.0；

如 1m 处 0.056mSv/h，则 TI＝5.6；

如 1m 处 0.0523mSv/h，则 TI＝5.3。

TI 需保留一位小数，小数点后两位数字必须进位至第一位小数。若测量出的运输指数不大于 0.05，可视为零。

第三节　放射性物质包装件的标记

一、托运人责任

托运人对其在包装件上所做标记的正确性负完全责任，必须按照《危险品规则》的有关规定将装有放射性物质的每个包装件、合成包装件和货运专用集装箱加上正确、必要的标记，并且确保具有耐久的质量和正确的规格，且在正确的位置上。对于原有的任何无关的标记要清除或涂覆。标记上除始发国可能要求的语言外，应使用英语。

二、标记的规格和质量

包装件或合成包装件上的所有标记不得被包装或合成包装的任何部件及附属物或任何其他标签或标记所遮盖或导致模糊不清。要求的标记不得与可能影响其标记效力的其他包装件标记相邻。标记所使用的文字除始发国可能要求的文字外，必须加用英文。标记高度不得低于 12mm，对于不超过 30L 或 30kg 的包装件，其标记的高度不得低于 6mm。所有的标记必须经久耐用，并且印刷或标记或粘贴在包装件或合成包装件的外表面。

三、需要的标记

1. 总则

含有放射性物质的所有 1（TYPE IP－1）、2（TYPE IP－2）、3（TYPE IP－3）型工业包装件，TYPE A 型、TYPE B（U）型、TYPE B（M）型和 TYPE C 型包装件均要求下列标记。

（1）运输专用名称。

（2）UN 编号，以字母"UN"开头。

（3）托运人和收货人的全称和地址。

（4）如果重量超过 50kg 应标明允许的毛重。

（5）当以干冰作为制冷剂时，应标明包装件内干冰的净重。

2．例外的包装件标记

（1）UN 编号，以字母"UN"开头。

（2）托运人和收货人的全称和地址。

（3）如果重量超过 50kg 应标明允许的毛重。

（4）当以干冰作为制冷剂时，应标明包装件内干冰的净重。

（5）国际运输中需要主管部门设计或装运批准的包装件，不同的批准类型用于有关的不同国家，标记必须按照原设计国的证书进行。

3．工业包装件的规格标记

（1）符合 IP－1 型工业包装件的每个包装件，标注"TYPE IP－1"字样。

（2）符合 IP－2 型或 IP－3 型工业包装件设计的每个包装件，必须标注以下内容。

① "TYPE IP－2"或"TYPE IP－3"字样。

② 《危险品规则》中原设计国的国际车辆注册代码（VRI 代码）。

③ 原设计国主管部门规定的生产商名称或其他包装识别标记。

4．A 型包装件的规格标记

（1）"TYPE A"字样。

（2）原设计国的国际车辆注册代码（VRI 代码）。

（3）原设计国主管部门规定的生产商名称或其他包装识别标记。

5．B 型或 C 型包装件的规格标记

（1）相应的"TYPE B（U）""TYPE B（M）"或"TYPE C"字样。

（2）由主管部门为设计而指定的识别标记。

（3）能确认每个包装件符合设计的顺序编号。

（4）在能防火、防水的最外层容器上，用压纹、冲压或其他方式清楚地标出防火、防水的三叶形符号。

6．裂变包装件的规格标记每个含有裂变物质的包装件都必须按照其类型的要求标记，只有装裂变物质的包装件，其识别标记应包含代码"AF""B（U）F""B（M）F""CF""IF"等。

7．合成包装件的标记

（1）除非合成包装件内所有的标记、标签都清晰可见，合成包装件的外部必须粘贴"OVERPACK"字样、运输专用名称、UN 编号、托运人和收货人的全称和地址、

详细的操作说明。

（2）内包装件的包装规格标记不需要再在合成包装件的外部粘贴，"OVERPACK"标记已标明合成包装件含有符合规定的特殊包装件。

（3）如果一票危险品由多个合成包装件组成，为方便识别、装载、通知，经营人要求托运人在危险品申报单及每个包装件上标明序号（可以用字母－数字的形式）和放射性物品总量。

8．其他方式的标记

除《危险品规则》所要求的标记外，还允许使用其他国际或某国家运输条例所要求的各种标记，但这些标记在颜色、设计或形式上不得与《危险品规则》所规定的各种标记相混淆或冲突。

第四节　放射性物质包装件的标签

一、托运人责任

托运人必须在托运之前将装有放射性物质的每个包装件、合成包装件加上正确、必要的标签，并且确保具有耐久的质量和正确的规格，且在正确的位置上并将任何要求的补充信息以持久的方式标在标签上。对于原有的任何无关的和旧的标签要清除或涂覆。

二、标签

1．主要危险性标签

危险品品名表详细说明了放射性物质包装件和合成包装件上使用的危险性标签。每个放射性物质包装件上必须按照《危险品规则》中表 10.5.C 中划分的类别粘贴标签。另外，裂变物质的包装件上必须粘贴临界安全指数（CSI）标签（如图 9-1 所示），位置与危险性标签相邻。

2．次要危险性标签

对于符合一种或多种其他类危险品标准又具有其他危险性质的放射性物质，包装件必须带有适当的次要危险性标签。对于非易燃和无毒的非压缩气体，则不需要次要危险性标签。

3．操作标签

放射性物品的 B（M）型包装件和含有这种 B（M）型包装件的放射性专用集装箱必须粘贴仅限货机"Cargo Aircraft Only"标签。含液体放射性物品的包装件不需要使

用"This Way Up（向上）"的方向标签。

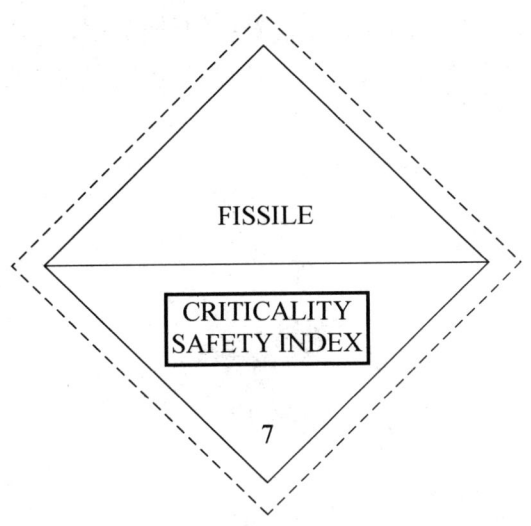

图 9-1 临界安全指数（CSI）标签

4．标签上的标记

内装物、活度Ⅱ和Ⅲ级－黄色标签、运输指数必须清晰而耐久地标记在标签上，而安全临界指数也应清晰而耐久地标在安全临界指数标签上。

三、粘贴标签要求

1．总则

（1）所有标签应牢固地粘贴或打印在包装上，以便清晰可见，并不被该包装的任何部分或其他标签遮盖。

（2）每个标签应粘贴或打印在色差大的底色上或者有虚线或实线的外边界。

（3）所有标签不得折叠，不得将同一标签贴在包装件的不同面上。

（4）如果包装件表面为不规则形状，包装件表面无法粘贴或打印标签，则包装件必须能允许使用牢固的挂牌。

（5）包装件必须有足够的地方粘贴标签。

2．标签的粘贴位置

（1）如包装件尺寸许可，标签应粘贴在包装件上运输专用名称标记附近，并靠近托运人或收货人地址。

（2）当有次要危险性标签时则应把它们粘贴在主要危险性标签的后面。

（3）在要求"Cargo Aircraft Only（仅限货机）"操作标签时，必须将其粘贴于紧邻危险性标签的地方。

3．大型货运专用集装箱的标牌

含有放射性物质的大型货运专用集装箱（例外包装件除外）在粘贴完所要求的标签外，还必须在集装箱的各个侧壁和后壁固定四块符合图 9-2 要求的标牌。任何与其内装物无关的标牌都必须拆除。

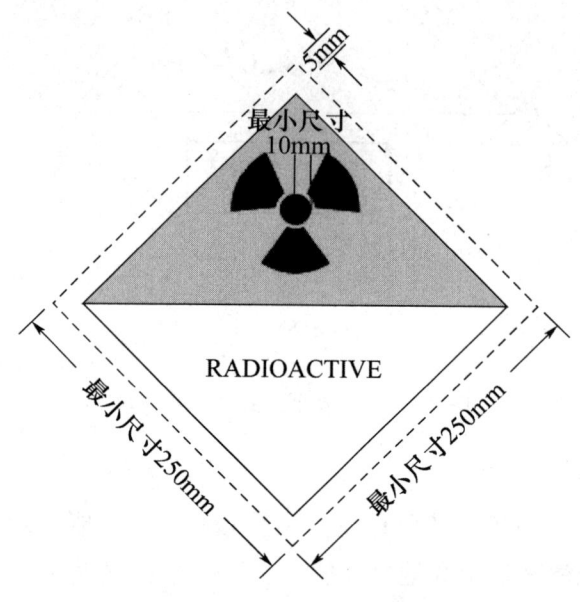

图 9-2　第 7 类放射性物品标牌

4．粘贴标签的数目

（1）放射性物质标签连同次要危险性标签、临界安全指数标签（如适用），以及"Cargo Aircraft Only（仅限货机）"标签（如适用），必须粘贴在包装件相对的两个侧面上。

（2）专用货箱的四个侧面都必须粘贴标签。

（3）对于圆筒形的包装件（如钢瓶），应在包装件侧面两个对称的中心位置粘贴两套标签。

（4）对于尺寸非常小的包装件，包括圆筒形包装件，如果两套标签会互相叠盖，则只需粘贴一套标签，但标签不得自身叠盖。

（5）如果使用刚性的合成包装件，必须在合成包装件相对的两个侧面各粘贴一套标签。

（6）如果使用非刚性的合成包装件，必须至少在固定于合成包装件上的耐用挂签上粘贴一套标签。

5．放射性物质例外包装件标签

放射性物质例外包装件必须粘贴符合图 9-3 格式的放射性物品例外包装件标签。对于例外数量合成包装件，此标签必须清楚可见，或重新标注在合成包装件的表面。

图 9-3　放射性物品例外包装件

第五节　放射性物质的运输文件

除非另有规定，托运每件放射性物质货物都必须填写"托运人危险品申报单"及"航空货运单"。

一、托运人的责任

托运人在每次托运放射性物品或物质时，应按《危险品规则》中的定义和分类，填写"托运人危险品申报单"。此要求不适用于放射性物质的例外包装件。托运人必须保证做到以下。

（1）只能用正确的方法、正确的格式清楚地填写。

（2）确保信息准确、易辨识、清晰、持久。

（3）确保在向经营人托运货物时，申报单已签署。

（4）确保危险品的托运，完全符合危险品运输相关的规定。

托运人必须保留一份托运人危险品申报单及《危险品规则》要求的其他文件，文件至少保留 3 个月。当文件是以电子形式保留或保留在计算机系统中，托运人必须能够将其再制作成打印格式。

二、危险品申报单的填制

放射性物质的危险品申报单格式和填制要求与非放射性物品大致相同，只是在一些栏目的填写内容上有所不同。具体填写说明可以参看第 7 章文件部分内容。以下仅

将放射性物质的特殊之处加以说明。放射性物质申报单如表 9-2 所示。

表 9-2 放射性物质申报单

SHIPPER'S DECLARATION FOR DANGEROUS GOODS

Shipper 10.8.3.1	Air Waybill No. 10.8.3.3
	Page of Pages 10.8.3.4
	Shipper's Reference Number *(optional)*

| Consignee 10.8.3.2 | For optional use for Company logo name and address |

Two completed and signed copies of this Declaration must be handed to the operator.

WARNING

TRANSPORT DETAILS 10.8.3.5	Failure to comply in all respects with the applicable Dangerous Goods Regulations may be in breach of the applicable law, subject to legal penalties.
This shipment is within the limitations prescribed for: *(delete non-applicable)*	Airport of Departure: 10.8.3.6
PASSENGER AND CARGO AIRCRAFT / CARGO AIRCRAFT ONLY	
Airport of Destination: 10.8.3.7	Shipment type: *(delete non-applicable)* NON-RADIOACTIVE / RADIOACTIVE 10.8.3.8

NATURE AND QUANTITY OF DANGEROUS GOODS

Dangerous Goods Identification						
UN or ID No.	Proper Shipping Name	Class or Division (Subsidiary Risk)	Packing Group	Quantity and type of packing	Packing Inst.	Authorization
Step 1	from 10.8.3.9 Step 2	Steps 3 and 4 / Step 5		Steps 6, 7, 8	Step 9	Steps 10, 11

Additional Handling Information

10.8.3.11

I hereby declare that the contents of this consignment are fully and accurately described above by the proper shipping name, and are classified, packaged, marked and labelled/placarded, and are in all respects in proper condition for transport according to applicable international and national governmental regulations. I declare that all of the applicable air transport requirements have been met.	Name/Title of Signatory 10.8.3.13
	Place and Date 10.8.3.14
	Signature *(see warning above)* 10.8.3.15

10.8.3.12

1．语言要求

申报单必须用英文填写。在英文的后面可以附上中文的准确译文。

2．份数要求

纸质申报单必须至少填制两份并签字，随同货物一起交给经营人。一份签署的申报单由收运的经营人保存，另一份则随同货物运至目的站。其中一份，包括上面的签字可为复印件。只有第一经营人需要保留托运人申报单的原件。货物托运后，托运人申报单原件的复印件也可以作为文件进行保存。当托运人申报信息由电子数据处理（EDP）或电子数据交换（EDI）技术提供时，信息必须能无延迟地产生纸文件。

3．集运货物

（1）集中运输（集运）或集中托运货物（集运货物）是指将始发站一个以上托运人的多件货物集中托运；其中每个托运人都与定期航空承运人以外的另一人有空运协议。

（2）若属于集运货物，含有危险品的每票货物的申报单必须单独交给收运经营人。

（3）上述货物申报单必须随同集运货物一起空运。在目的站机场，交货经营人需持有每份申报单中的一份并交给集运货物分发代理人。

4．多页申报单规定

（1）如果申报单中"Nature and Quantity of Dangerous Goods"（危险品类别和数量）栏内不足以容纳所需的项目及说明，可采用附加申报单来增加页数的方法（附加的申报单必须有垂直的红色影线）。在这种情况下，申报单及其附加单的每页都必须注明：每页的页码和总页数，航空货运单号码。使用多页的托运人申报单时，每页的机型限制和货物类型都必须一致。

（2）附加申报单上不需要完成其他任何条目，不需要签字。

（3）使用附加申报单时，机型限制和货物种类在每份申报单及附加申报单中都必须相同。

5．变更和修改规定

（1）经营人不得接受变动或修改过的申报单，除非托运人对该项变动或修改已经签字，并且该签字与文件上的签字一致。但货运单号码、始发站机场、目的站机场的变动不属此列。

（2）一个项目中有不同的手书或不同的印刷文字，或者手书与印刷字相混用，则不属于变动或修改，可以接受。

6．运输专用名称

托运的每个放射性物品必须使用"运输专用名称"申报。根据需要运输专用名称可用单数形式或复数形式，当修饰语成为运输专用名称的一部分时，它们在文件或包

装件上的标记顺序可以任选，但是以本章第一节中的顺序更好。

7．通用栏目填写说明

1）识别

填写时，应按以下顺序。

（1）UN 编号，必须加前缀"UN"。

（2）运输专用名称。

（3）类别号码"7"（次要危险性类别），任何次要危险性类别和项别号必须填写在第 7 类危险性号码的后面，且必须在括号内，主要和（或）次要危险性类别或项别号前可以冠以"Class"或"Division"字样。

（4）具有次要危险性的放射性物质指定其包装等级（如适用），前面可冠以"PG"例如，"PGⅡ"。

例 10-1 放射性物质"UN2978，放射性物品，六氟化铀，7 类（8 类）"此栏填写如下"UN2978，Radioactive material, uranium hexafluoride，7（8）"。除非规则（DGR 等）许可，上述危险品说明必须按照此顺序来表述，且不能遗漏或加入其他的信息。

2）包装数量和类型

（1）物质中核素的名称或符号，对放射性核素混合物，应使用适当的总称或最严格限制的核素表。

（2）有关放射性物质在"其他形式"时的物理形式和化学状态的说明，或表明物质是特殊形式放射性物质（UN3332 和 UN3333 不要求）或低弥散物质。对化学状态，用化学名称的总称即可。

（3）按顺序填写包装件（包括在合成包装件中的包装件）的件数（同种类型和内装物）、包装类型及以贝克勒尔或其倍数表示的活度（必须注明使用的单位）；对于裂变物质，用克或千克表示裂变物质总重量代替放射性活度（必须注明使用的单位）。对于同一包装内的不同单一放射性核素必须注明每个放射性核素的活度。当同一包装件包装不同的单个放射性核素时需注明"All Packed in One（所有的都包装在一个包装内）"。

（4）当使用合成包装件时，在申报单中填写合成包装件内所含包装件的有关条目后，紧接着填入"OVERPACK Used"，在这种情况下，必须将合成包装内的包装件先列出来。当一票货物由多个 OVERPACK 组成时，每个 OVERPACK 必须有识别标记（可以是任何字母－数字形式）且必须标注在托运人申报单上。多个 OVERPACK 含有完全相同内装物时做如下识别："使用 OVERPACK（完全相同的 OVERPACK 件数）"，多个 OVERPACK 含有不同内装物时，必须分别列明进行识别。

（5）对于合成包装或货运专用集装箱中的货物包装件，应详细说明各包装件的内装物。如需要将包装件从合成包装件或货运专用集装箱内取出，则应附加相应的托运人申报单。

3）包装说明

（1）填写包装件、合成包装件或货运专用集装箱的包装等级，即Ⅰ级－白色、Ⅱ级－黄色、Ⅲ级－黄色。

（2）对于Ⅱ级－黄色和Ⅲ级－黄色的包装件、合成包装件或货运专用集装箱，必须注明运输指数（精确到 0.1）和尺寸（按照长×宽×高的顺序，如果不同于长×宽×高，则必须明确指出每个尺寸代表的含义）。

（3）裂变物质（例外裂变物质除外）必须注明安全临界指数。

（4）如果货物按照 DGR 规定为例外裂变物质，则应注明"Fissile Excepted"。

4）批准

当有主管部门发布的下列文件随附托运人危险品申报单时，应注明文件识别标记。

（1）特殊形式放射性物质批准证书。

（2）低弥散物质批准证书。

（3）B 型包装件设计批准证书。

（4）B（M）型包装件运输批准证书。

（5）C 型包装件设计和运输批准证书。

（6）裂变物质包装件设计批准证书。

（7）裂变物质包装件运输批准证书。

（8）特殊安排批准证书。

（9）其他类似的文件。

注：许可、批准和（或）豁免证书必须随附托运人申报单，若不是用英语写成的，则必须附有准确的英语译文。

例如，"SPECIAL FORM CERTIFICATE No.9999, TYPE B（U）PACKAGE CERTIFICATE UK1735/B（U）S ATTACHED"。

（10）如果货物要求在专载运输下装运时，应标明"Exclusive Use Shipment（专载运输货物）"。

8．附加操作说明

附加操作说明栏填上与装运有关的特殊操作说明，对于涉及主管部门批准证书的放射性材料，则必须包括以下内容。

（1）安全散发热量的包装件所要求的特殊存储规定，以及如果需要的话，在运输中包装件的平均表面热通量超过 $15W/m^2$ 的说明。

（2）对 B（M）型包装件适当时不要求辅助操作控制的任何说明。

（3）对于飞机机型的限制和必要的常规说明。

（4）适于货物的突发事件应急安排。

三、危险品（放射性物质）申报单的填制实例

放射性物质申报单的填制实例见表 9-3。

表 9-3 放射性物质申报单的填制实例

SHIPPER'S DECLARATION FOR DANGEROUS GOODS

Shipper	Air Waybill No.
ADVANCED CHEMICAL CO. 345 MAIN STREET REIGATE, SURREY, ENGLAND	800 1234 5686 Page 1 of 1 Pages Shipper's Reference Number 1213 / A12 (optional)

Consignee	
ABC Co.Ltd. 1000 HIGH STREET ATHENS, GREECE	For optional use for Company logo name and address

Two completed and signed copies of this Declaration must be handed to the operator.

WARNING

Failure to comply in all respects with the applicable Dangerous Goods Regulations may be in breach of the applicable law, subject to legal penalties.

TRANSPORT DETAILS

This shipment is within the limitations prescribed for: (delete non-applicable)

PASSENGER ~~CARGO~~
AND CARGO ~~AIRCRAFT~~
AIRCRAFT ~~ONLY~~

Airport of Departure: LONDON

Airport of Destination: ATHENS

Shipment type: (delete non-applicable)
~~NON-RADIOACTIVE~~ | RADIOACTIVE

NATURE AND QUANTITY OF DANGEROUS GOODS

Dangerous Goods Identification						
UN or ID No.	Proper Shipping Name	Class or Division (Subsidiary Risk)	Packing Group	Quantity and type of packing	Packing Inst.	Authorization
UN2916	RADIOACTIVE MATERIAL, TYPE B(U) PACKAGE	7		IRIDIUM - 192 SPECIAL FORM 1 TYPE B(U) PACKAGE X 1.925 TBq	III-YELLOW TI 3.0 DIM 30x30 x40CM	SPECIAL FORM CERTIFICATE Nº 9999 TYPE B(U) PACKAGE CERTIFICATE UK1735/B(U)S ATTACHED

Additional Handling Information

I hereby declare that the contents of this consignment are fully and accurately described above by the proper shipping name, and are classified, packaged, marked and labelled/placarded, and are in all respects in proper condition for transport according to applicable international and national governmental regulations. I declare that all of the applicable air transport requirements have been met.

Name/Title of Signatory
A. BROWN, SHIPPING MANAGER
Place and Date
REIGATE, 1 JAN 2016
Signature
(see warning above)

A. Brown

四、航空货运单的填制

如适用，在放射性物品货物的航空货运单的"操作说明（Handing informaton）"栏内，必须填写以下内容。

（1）"危险品与所附的托运人申报单相符（Dangerous Goods as per Attached Shipper's Declaration 或 Dangerous Goods as per Attached DGD）"。

（2）"仅限货机（Cargo Aircraft Only 或 CAO）"。

（3）需要托运人申报单客机运输的危险品的货运单、仅限货机运输的危险品的货运单、含放射性物品例外包装件的货运单的填写如表9-4、表9-5、表9-6所示。

表9-4　需要托运人申报单客机运输的危险品的货运单

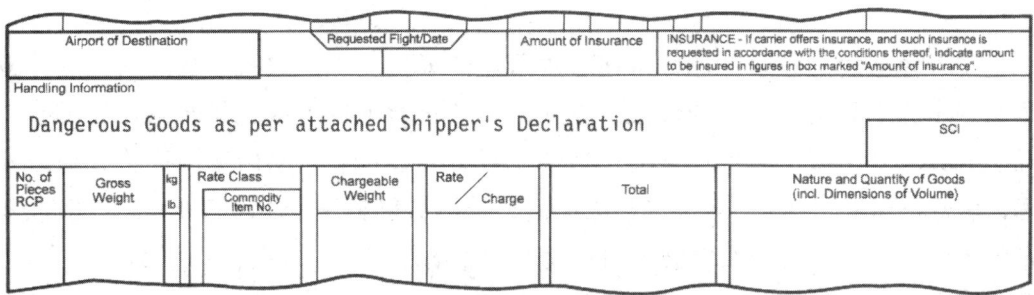

表9-5　仅限货机运输的危险品的货运单

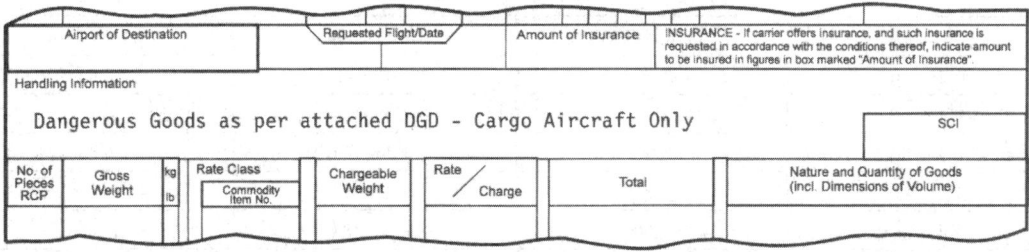

表9-6　含放射性物品例外包装件的货运单

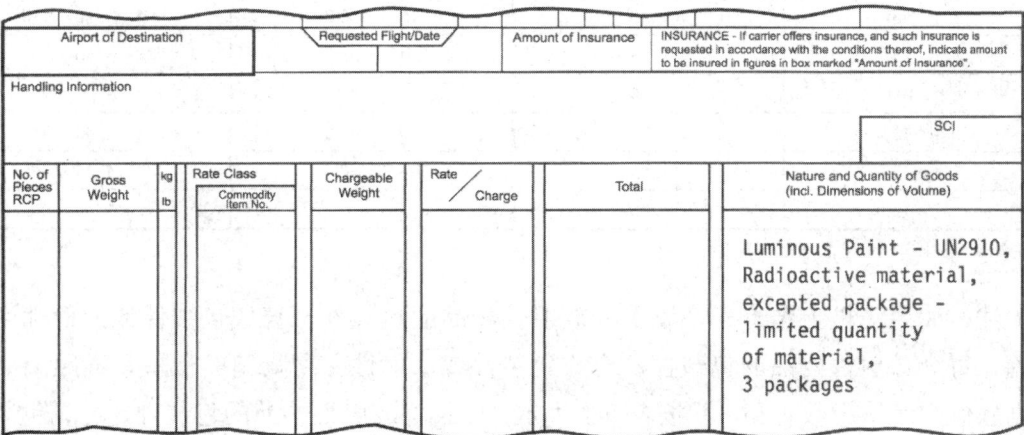

第六节　放射性物质的操作

一、存放

放射性物质应放置在专门的危险品仓库内或指定的安全地点。每批放射性危险品的运输指数之和不得超过 50；如超过 50，分两处放置，间隔至少 6m。但上述限制不适用于包装密封很好的低活性物质。

二、放射性物质与人员的隔离

为使人体接触的辐射剂量保持在合理可达的最低水平，放射性物品的包装件应放在尽量远离旅客和机组成员的位置，例如，下部货舱地板上或主货舱的最后部分。贴有Ⅱ级－黄色和Ⅲ级－黄色标签的包装件、合成包装件或放射性专用货箱必须与人员隔离，最短距离如表 9-7 所示。这个最短距离是指从包装件、合成包装件或放射性专用货箱的表面到最近的客舱或驾驶舱内舱壁或地板的距离，与放射性物质运输时间有关。仅限货机上放射性物质隔离如表 9-8 所示。

表 9-7　客、货机上放射性物质的隔离

（T.I.）总和	最短距离/m	（T.I.）总和	最短距离/m
0.1～1.0	0.30	13.1～14.0	2.05
1.1～2.0	0.50	14.1～15.0	2.15
2.1～3.0	0.70	15.1～16.0	2.25
3.1～4.0	0.85	16.1～17.0	2.35
4.1～5.0	1.00	17.1～18.0	2.45
5.1～6.0	1.15	18.1～20.0	2.60
6.1～7.0	1.30	20.1～25.0	2.90
7.1～8.0	1.45	25.1～30.0	3.20
8.1～9.0	1.55	30.1～35.0	3.50
9.1～10.0	1.65	35.1～40.0	3.75
10.1～11.0	1.75	40.1～45.0	4.00
11.1～12.0	1.85	45.1～50.0	4.25
12.1～13.0	1.95		

（注：表 9-7 来自《危险品规则》表 10.9.C。）

注：如果飞机上装有一个以上的放射性物品的包装件、合成包装件或放射性专用货箱，每个放射性物品的包装件、合成包装件或放射性专用货箱的最短隔离距离必须依据它们的运输指数总和，并按表 9-7 确定。如果将放射性物品的包装件、合成包装件

或放射性专用货箱分组码放，每组至客舱或驾驶舱墙板或地板的最近表面的最短距离应与每组的运输指数总和相对应；但是组与组之间的隔离距离必须至少是运输指数之和较大那一组相对应的隔离距离的三倍以上。

表9-8　仅限货机上放射性物质的隔离

（T.I.）总和	最短距离/m	（T.I.）总和	最短距离/m
50.1～60	4.65	180.1～190	8.55
60.1～70	5.05	190.1～200	8.75
70.1～80	5.45	200.1～210	9.00
80.1～90	5.80	210.1～220	9.20
90.1～100	6.10	220.1～230	9.40
100.1～110	6.45	230.1～240	9.65
110.1～120	6.70	240.1～250	9.85
120.1～130	7.00	250.1～260	10.05
130.1～140	7.30	260.1～270	10.25
140.1～150	7.55	270.1～280	10.40
150.1～160	7.80	280.1～290	10.60
160.1～170	8.05	290.1～300	10.80
170.1～180	8.30		

（注：表9-8来自《危险品规则》表10.9.D。）

　　注：如果飞机上装有一个以上的放射性物品的包装件、合成包装件或放射性专用货箱，每个放射性物品的包装件、合成包装件或放射性专用货箱的最短隔离距离必须依据它们的运输指数总和，并按表9-8确定。如果将放射性物品的包装件、合成包装件或放射性专用货箱分组码放，每组至客舱或驾驶舱墙板或地板的最近表面的最短距离应与每组的运输指数总和相对应；但是组与组之间的隔离距离必须至少是运输指数之和较大那一组相对应的隔离距离的三倍以上。

三、放射性物质人员的防护

　　放射性物品必须与工作人员和公众有足够的距离。必须使用以下的剂量值来计算隔离距离或辐射水平。

　　（1）工作人员经常工作区域的剂量为每年5mSv。

　　（2）公众经常进入区域的剂量为每年1mSv。

　　（3）所有与存储有关的人员必须得到其所面临的危险及应遵守的预防措施之类的必要指导。

　　（4）为保证射线辐照越低越好的原则，Ⅱ级－黄色及Ⅲ级－黄色的包装件、合成包装件或放射性专用货箱在临时存储时应与人员隔离。

本 章 小 结

由于放射性物质危害的特殊性，在运输过程中应根据放射性物质本身及所选择的包装材料来确定准确的运输专用名称，并做好包装，防止辐射的泄漏。根据要求在包装表面粘贴标记和标签，准备齐全的文件，做好距离防护。

自 我 检 测

1. 50L 的 UN2916 装在铁桶内，需要贴_____向上标签。

2. 在填写Ⅱ级标签的运输指数时，应进位取至第几位小数？

3. 已知某包装件的运输指数为 4.0，该货包与人体的最短距离为_____。

4. 判断下列放射性核素是否符合 A 型包装。

放射性核素符号	形式	活度值	是否符合 A 型包装限制
Ac－225	特殊形式	0.5TBq	
Ac－228	其他形式	0.1 TBq	

5. 判断下列放射性包装件的包装级别。

运输指数（TI）	外表面上任一点的最高辐射水平	级别
1	10μSv/h	
3	3μSv/h	
0.5	0μSv/h	
0.9	570μSv/h	
0	0μSv/h	
0	1mSv/h	

6. 一票放射性物质由中国台湾出发运往新加坡，由南航的客机载运。

包装：一个 TYPE A 的包装，内装物为 UN2915（Co－60）。

运输指数为 0.18，表面辐射水平为 1mSv/h，活度为 0.4TBq。

物理或化学形态：Liquid Chloride。

尺寸：50cm×40cm×40cm。

请完成包装件标记与标签及放射性物质申报单。

SHIPPER'S DECLARATION FOR DANGEROUS GOODS

SHIPPER'S DECLARATION FOR DANGEROUS GOODS

Shipper	Air Waybill No.
	Page　　of　　Pages
	Shipper's Reference Number
	(optional)
Consignee	*For optional use for Company logo name and address*
Two completed and signed copies of this Declaration must be handed to the operator.	**WARNING**

TRANSPORT DETAILS

Failure to comply in all respects with the applicable Dangerous Goods Regulations may be in breach of the applicable law, subject to legal penalties.

This shipment is within the limitations prescribed for: *(delete non-applicable)*	Airport of Departure:
PASSENGER AND CARGO AIRCRAFT / CARGO AIRCRAFT ONLY	

Airport of Destination:

Shipment type: *(delete non-applicable)*
NON-RADIOACTIVE | RADIOACTIVE

NATURE AND QUANTITY OF DANGEROUS GOODS

UN or ID No.	Dangerous Goods Identification — Proper Shipping Name	Class or Division (Subsidiary Risk)	Packing Group	Quantity and type of packing	Packing Inst.	Authorization

Additional Handling Information

I hereby declare that the contents of this consignment are fully and accurately described above by the proper shipping name, and are classified, packaged, marked and labelled/placarded, and are in all respects in proper condition for transport according to applicable international and national governmental regulations. I declare that all of the applicable air transport requirements have been met.	Name/Title of Signatory
	Place and Date
	Signature *(see warning above)*

第十章　民航危险品事故的处理

引　言

　　航空运输中，危险品的操作不当可能会引起危险品不安全事件。与航空运输有关联，不一定发生在航空器上，但造成人员受伤、财产损失、起火、破损、溢出、液体或放射性物质渗漏或包装未能保持完好的其他情况为危险品事件。任何与危险品航空运输有关并严重危及航空器或机上人员的事件也视为危险品事件。危险品事故是指与航空运输有关联，造成致命或严重人身伤害或财产损失的事故。当出现危险品事件或事故应如何处置才可以使损失降到最低呢？

　　本章我们将学习以下知识。

　　（1）飞行机组应急措施。

　　（2）第1类至第9类危险品事故/事件的处理。

　　（3）常见化学品的急救措施。

　　（4）危险品事故/事件的调查。

第一节　飞行机组应急措施

　　根据国际民航组织和各航空公司运行手册要求，飞行机组在涉及危险品事件/事故情况下使用的检查单内容如下。

一、飞机灭火或排烟的应急处置程序

　　飞机灭火或排烟的应急处置程序如下。

　　（1）打开禁止吸烟显示灯。

　　（2）考虑尽快着陆。

　　（3）考虑关闭机上非必要的电源。

　　（4）确定浓烟/烟雾/火焰的根源。

（5）对于客舱内的危险品事故，见客舱乘务员检查单，并协调驾驶舱/客舱机组的行动，协作处置。

（6）确定应急处理措施代号。

（7）根据确定的应急处理措施代号，使用机上应急处理措施表（查阅机载运行手册《机上危险品事故应急处理指南》或机载检查单），确定相应的处置程序。

（8）如果情况允许，通知地面部门飞机上装载的危险品情况，包括运输专用名称、类/项（以及第 1 类的配装组）、主要危险性及任何可识别的次要危险性、数量和装载位置、有关危险品的联系电话号码（如有）。

二、着陆以后的处置程序

着陆以后的应急处置程序如下。

（1）在打开货舱门之前，让旅客和机组人员先行离机。

（2）通知地面和应急救援人员危险品的性质和机上装载的位置。

（3）在飞机维护记录上做相应的记录。

（4）飞机落地后，机长应尽可能向地面事故调查和救援组织提供 NOTOC。

三、货舱中装载的危险品

除非在客舱或者驾驶舱中出现明显的烟雾，否则货舱中装载的危险品发生溢出或泄漏在飞行中是不易被觉察到的。在发生泄漏的情况下，客舱或者驾驶舱中的空气可能变得易燃、有刺激性或有毒性。这种情况下，应该关闭非必要的电器并且禁止吸烟；同时机组人员应使用可提供可百分百供氧的防烟面罩或防护性呼吸设备；可能的情况下，应该向旅客提供用于捂住口鼻的湿毛巾或湿布。

四、客舱机组人员的应急措施

客舱机组人员的应急措施如下。

（1）通知机长。

（2）识别涉及的物品。

如果起火，启动标准程序并检查水的使用情况。

如果溢出或泄漏：

（1）收集危险品处置包和其他有用的物品。

（2）戴上橡胶手套和防烟面罩。

（3）将旅客从发生事故的区域撤离，并向旅客发放湿毛巾或湿布。

（4）将危险品放进聚乙烯塑料袋里。

（5）隔离放置聚乙烯塑料袋。

（6）把受到影响的设备及物品当作危险品处理。

（7）覆盖地毡/地板上的危险品溢出物。

（8）经常地检查被隔离放置的物品和被污染的设备。

飞机着陆以后：

（1）通知地面人员机上危险品的装载位置。

（2）在维修记录本上做相应的记录。

第二节　各类危险品事故/事件的处理

一、第 1 类：爆炸品

（1）收运后发现包装件破损应采取的措施。

① 破损包装件不得装入飞机或集装器内。

② 已经装入飞机或集装器的破损包装件必须卸下。

③ 检查同一批货物的其他包装件是否有相似的损坏情况。

④ 在破损包装件附近严禁烟火。

⑤ 将破损包装件及时转移到安全地点，并立即通知货运部门进行事故调查和处理。

⑥ 通知托运人或收货人，未经主管部门同意，该包装件不得运输。

（2）发生火灾时的灭火措施。

① 现场抢救人员应戴防毒面具。

② 现场抢救人员应站在上风头。

③ 用水和各式灭火设备扑救。

二、第 2 类：危险性气体（压缩、液化及深度冷冻气体）

（1）收运后发现包装件损坏，或有气味，或有气体逸漏现象应采取的措施。

① 破损包装件不得装入飞机或集装器内。

② 已经装入飞机或集装器的破损包装件必须卸下。

③ 检查同一批货物的其他包装件是否有相似的损坏情况。

④ 包装件有逸漏迹象时，人员应避免在附近吸入漏出的气体。如果易燃气体或非易燃气体包装件在库房内或在室内发生逸漏，必须打开所有门窗，使空气充分流通，然后由专业人员将其移至室外。如果毒性气体包装件发生逸漏，应由戴防毒面具的专业人员处理。

⑤ 在易燃气体破损包装件附近，不准吸烟，严禁任何明火，不得开启任何电器开

关。任何机动车辆不得靠近。

⑥ 通知货运部门的主管人员进行事故调查和处理。

⑦ 通知托运人或收货人，未经主管部门同意，该包装件不得运输。

（2）发生火灾时的灭火措施。

① 现场抢救人员必须戴防毒面具。

② 现场抢救人员应避免站在气体钢瓶的首、尾部。

③ 在情况允许时，应将火势未及区域的气体钢瓶迅速移至安全地带。

④ 用水或雾状水浇在气体钢瓶上，使其冷却，并用二氧化碳灭火器扑救。

三、第 3 类：易燃液体

（1）收运后发现包装件漏损应采取的措施。

① 漏损包装件不得装入飞机和集装器内。

② 已经装入飞机或集装器的漏损包装件必须卸下。

③ 检查同一批货物的其他包装件是否有相似的损坏情况。

④ 在漏损包装件附近，不准吸烟，严禁任何明火，不得开启任何电器开关。

⑤ 如果易燃液体在库房内或机舱内漏出，应立即通知消防部门，消除漏出的易燃液体。

⑥ 将漏损包装件移至室外，通知货运部门的主管人员进行事故调查和处理。

⑦ 通知托运人或收货人，未经主管部门同意，该包装件不得运输。

（2）发生火灾时的灭火措施。

① 现场抢救人员应戴防毒面具并使用其他防护用具。

② 现场抢救人员应站在上风头。

③ 易燃液体燃烧时，可用二氧化碳灭火剂、砂土、泡沫灭火剂或干粉灭火剂扑救。

四、第 4 类：易燃、自燃和遇水释放易燃气体的物质

（1）收运后发现包装件破损应采取的措施。

① 破损包装件不得装入飞机或集装器内。

② 已经装入飞机或集装器的破损包装件必须卸下。

③ 检查同一批货物的其他包装件是否有相似的损坏情况。

④ 在破损包装件附近，不准吸烟，严禁任何明火。

⑤ 任何热源需远离自燃物品包装件。

⑥ 对于遇水燃烧物品的破损包装件，避免与水接触。应该用防水帆布盖好。

⑦ 通知货运部门的主管人员进行事故调查和处理。

⑧ 通知托运人或收货人，未经主管部门同意，该包装件不得运输。

（2）发生火灾时的灭火措施。

① 现场抢救人员应戴防毒口罩。

② 对于易燃固体、自燃物质，可用砂土、石棉毯、干粉灭火剂或二氧化碳灭火。

③ 对于遇水易燃物质——金属粉末，可用砂土或石棉毯进行覆盖，也可使用干粉灭火剂扑救。

五、第 5 类：氧化剂和有机过氧化物

（1）收运后发现包装件漏损应采取的措施。

① 漏损包装件不得装入飞机或集装器内。

② 已经装入飞机或集装器的漏损包装件必须卸下。

③ 检查同一批货物的其他包装件是否有相似的损坏情况。

④ 在漏损包装件附近，不准吸烟，严禁任何明火。

⑤ 其他危险品（即便是包装完好的）与所有易燃的材料（如纸、硬纸板、碎布等），不准靠近漏损的包装件。

⑥ 任何热源需远离有机过氧化物包装件。

⑦ 通知货运部门的主管人员进行事故调查和处理。

⑧ 通知托运人或收货人，未经主管部门同意，该包装件不得运输。

（2）发生火灾时的灭火措施。

① 有机过氧化物着火时，应该用干砂、干粉灭火剂或二氧化碳灭火剂扑救。

② 其他氧化剂着灭时，应该用干砂或雾状水扑救，并且要随时防止水溶液与其他易燃、易爆制品接触。

六、第 6 类：毒性物质和传染性物质

（1）收运后发现毒性物质包装件漏损，有气味，或有轻微的渗漏应采取的措施。

① 漏损包装件不得装入飞机或集装器。

② 已经装入飞机或集装器的漏损包装件必须卸下。

③ 检查同一批货物的其他包装件是否有相似的损坏情况。

④ 现场人员避免皮肤接触漏损包装件，避免吸入有毒蒸气。

⑤ 搬运漏损包装件的人员，必须戴上专用的橡胶手套，使用后扔掉，且在搬运后五分钟内必须把手洗净。

⑥ 如果毒害品的液体或粉末在库房内或机舱内漏出，应通知卫生检疫部门，并由他们对被污染的库房、机舱及其他货物或行李进行污染消除。

⑦ 将漏损包装单独存放于分库房内，然后通知货运部门的主管人员进行事故调查和处理。

⑧ 如有意外沾染毒性物质的人员，无论是否有中毒症状，均应立即前往医疗部门进行检查和治疗。

⑨ 通知托运人或收货人，未经主管部门同意，该包装件不得运输。

（2）收运后发现传染性物质包装件漏损，或有轻微的渗漏应采取的措施。

① 漏损包装件不得装入飞机或集装器内。

② 已经装入飞机或集装器的漏损包装件必须卸下。

③ 检查同一批货物的其他包装件是否有相似的损坏情况。

④ 对漏损包装件最好不移动或尽可能少移动。在不得不移动的情况下，如从飞机上卸下，为减少传染的机会，应只由一人进行搬运。

⑤ 搬运漏损包装件的人员，严禁皮肤直接接触，必须戴上专用的橡胶手套。手套在使用后用火烧毁。

⑥ 距漏损包装件至少 5m 范围内，禁止任何人进入，最好用绳索将这一区域拦截起来。

⑦ 及时向环境保护部门和卫生防疫部门报告，并应说明如下情况：

A. 危险品申报单上所述的有关包装件的情况。

B. 与漏损包装件接触过的全部人员名单。

C. 漏损包装件在运输过程中已经过的地点，即该包装件可能影响的范围。

⑧ 通知货运部门的主管人员。

⑨ 严格按照环保部门和检疫部门的要求，消除对机舱、其他货物和行李，以及运输设备的污染，对接触过传染性物质包装件的人员进行身体检查，对这些人员的衣服进行处理，对该包装件进行处理。

⑩ 通知托运人或收货人，未经检疫部门的同意，该包装件不得运输。

（3）发生火灾时的灭火措施。

① 现场抢救人员应做好全身性的防护，除防毒面具外，还应穿戴防护服和手套等。

② 现场抢救人员应站在上风头。

③ 应该用砂土灭火。

七、第 7 类：放射性物质

（1）收运后，包装件无破损、无渗漏现象，且封闭完好，但经仪器测定，发现运输指数有变化，如果包装件的运输指数大于申报的 1.2 倍，应将其退回。

（2）收运后发现包装件破损，或有渗漏现象，或封闭不严。

① 该包装件不得装入飞机或集装器。

② 已经装入飞机或集装器的破损包装件必须卸下。搬运人员必须戴上手套作业，避免被放射性物质污染。

③ 检查同一批货物的其他包装件是否有相似的损坏情况。

④ 将破损包装件卸下飞机之前，应该画出它在机舱中的位置，以便检查和消除污染。

⑤ 除检查和搬运人员外，任何人不得靠近破损包装件。

⑥ 查阅危险品申报单，按照"ADDITIONAL HANDLING INFORMATION"栏中的文字说明，采取相应的具体措施。

⑦ 破损包装件应放入机场专门设计的放射性物质库房内。如果没有专用库房，应放在室外，距破损包装件至少 5m 之内，禁止任何人员靠近，应该用绳子将这一区域拦起来并做出表示危险的标记。

⑧ 通知环境保护部门和（或）辐射防护部门，由他们对货物、飞机及环境的污染程度进行测量和做出判断。

⑨ 必须按照环保部门和（或）辐射防护部门提出的要求，消除对机舱、其他货物和行李，以及运输设备的污染。机舱在消除污染之前，飞机不准起飞。

⑩ 通知货运部门的主管领导和技术主管部门对事故进行调查。

⑪ 通知托运人或收货人，未经货运部门主管领导和技术部门主管领导同意，该包装件不得运输。

（3）注意事项。

① 在测量完好包装件的运输指数或破损包装件及放射性污染程度时，应注意使用不同的仪器。

② 根据国际民航组织和国际原子能机构的规定，飞机的任何可接触表面的辐射剂量当量率不得超过 5μSv/h。

③ 受放射性污染影响的人员必须立即送往医疗部门进行检查。

八、第 8 类：腐蚀性物质

（1）收运后发现包装件漏损应采取的措施。

① 漏损包装件不得装入飞机或集装器内。

② 已经装入飞机或集装器的漏损包装件必须卸下。

③ 检查同一批货物的其他包装件是否有相似的损坏情况。

④ 现场人员避免皮肤接触漏损包装件和漏出的腐蚀性物质，避免吸入蒸气。

⑤ 搬运漏损包装件的人员，必须戴上专用橡胶手套。

⑥ 如果腐蚀性物质漏洒到飞机的结构部分上，必须尽快对这一部分进行彻底清洗，从事清洗的人员应戴上手套，避免皮肤与腐蚀性物质接触。一旦发生这种事故应

立刻通知飞机维修部门，说明腐蚀性物质的运输专用名称，以便及时做好彻底的清洗工作。

⑦ 其他危险品（即使是包装完好的）不准靠近该漏损包装件。

⑧ 通知货运部门的主管人员进行事故调查和处理。

⑨ 通知托运人或收货人，未经主管部门同意，该包装件不得运输。

（2）发生火灾时的灭火措施。

① 现场抢救人员除戴防毒面具外，还应穿戴防护服和手套。

② 现场抢救人员应站在上风头。

九、第 9 类：杂项危险品

收运后发现包装件破损应采取的措施。

（1）破损包装件不准装入飞机或集装器。

（2）已经装入飞机或集装器的破损包装件必须卸下。

（3）检查同一批货物的其他包装件是否有相似的损坏情况。

（4）检查飞机是否有损坏情况。

（5）通知货运部门主管领导和技术部门主管领导进行事故调查和处理。

（6）通知托运人或收货人，未经货运部门主管领导和技术部门主管领导同意，该包装件不得运输。

第三节　常见化学品中毒的急救措施

1．乙炔（Acetylene）

急性吸入乙炔气体主要会引起神经系统损害，应将患者转移至新鲜空气处，对呼吸困难者应吸氧。

2．二氧化碳（Carbon Dioxide）

立即将中毒者转移至新鲜空气处平卧并保温，有呼吸衰竭时，立即进行人工呼吸或输氧。

3．正丁烷，丁烷（Butane）

立即将患者移出现场吸氧，并注意保暖。呼吸停止时应进行人工呼吸，以及其他对症治疗。烧伤时应以干净衣服保护伤口，将患者转移至新鲜空气处，并送往医院治疗。

4. 甲烷（Methane）

立即将吸入甲烷气体的患者脱离污染区，并进行吸氧和注意保暖。对呼吸停止的患者，应立即进行人工呼吸，以及其他对应治疗。

5. 氟利昂 22（Chlorodifluoromethane）

立即将患者转移至新鲜空气处。

6. 煤气（Coal Gas）

立即将患者转移至新鲜空气处，并保持安静和保暖，再送往医院治疗。患者因呼吸中枢麻痹而停止呼吸，但心脏仍跳动，必须进行人工呼吸直至呼吸正常为止。

7. 乙二醇，甘醇（Ethylene Glycol）

乙二醇接触皮肤后，应立即用清水冲洗，并用肥皂洗净。

8. 乙醇（Ethyl Alcohol）

吸入乙醇蒸气者应立即离开污染区，并安置其休息和注意保暖。眼部受到刺激应用水冲洗，严重者应就医治疗。口服中毒者应大量饮水，严重者应就医治疗。

9. 乙醚（Ether）

眼部受到刺激应用水冲洗，并就医治疗。口服中毒者应立即漱口，并就医治疗。

10. 丁醛（Butanal）

应立即将吸入丁醛蒸气的患者脱离污染区，并安置其休息和注意保暖，眼部受到刺激应用水冲洗，严重者就医治疗。皮肤接触应先用水冲洗，再用肥皂彻底洗涤。口服中毒者应立即漱口，并就医治疗。

11. 凡立水（Varnish）

凡立水烧伤的伤口用干净衣服保护和注意保暖，并送往医院治疗。

12. 丙酮（Acetone）

应立即将吸入丙酮蒸气的患者脱离污染区，安置其休息和注意保暖，并就医治疗。眼部受到刺激应用水冲洗，严重者就医治疗。皮肤接触应先用水冲洗，再用肥皂彻底洗涤。口服中毒者应立即漱口，并就医治疗。

13. 丙醛（Propionaldehyde）

应立即将吸入丙醛蒸气的患者脱离污染区，安置其休息和注意保暖。眼部受到刺激应用水冲洗，严重者就医治疗。口服中毒者应立即漱口，并就医治疗。

14. 石油（Crude Oil）

擦掉溢漏到皮肤上的液体，脱去被污染的衣服，用肥皂水冲洗患处。眼睛接触石

油时应用水冲洗 15 分钟，再进一步治疗。烧伤的伤口以干净衣服保护、保暖，将患者转移至新鲜空气处，并送医院治疗。

15．甲苯（Toluene）

应立即将吸入甲苯蒸气的患者脱离污染区，安置其休息和注意保暖，眼部受到刺激应用水冲洗，严重者就医治疗。皮肤接触应先用水冲洗，再用肥皂彻底洗涤。口服中毒者应立即漱口，并就医治疗。

16．甲醛溶液（Formaldehyde Solution）

立即将患者转移至新鲜空气处，皮肤接触应用水冲洗，再用酒精擦洗，最后涂上甘油。

17．油漆类（Paints）

立即将患者转移至新鲜空气处，安置其休息和注意保暖。严重者就医治疗，烧伤的伤口以干净衣服保护，注意身体保暖，并送医院治疗。

18．苯（Benzene）

发现作业人员面色不正常时，将患者转移至新鲜空气处，安置其休息和注意保暖，并就医治疗。皮肤接触应先用水冲洗，再用肥皂彻底洗涤。口服中毒者应立即漱口，并就医治疗。

19．柏油（Pitch）

将患者转移至新鲜空气处，安置其休息和注意保暖，呼吸困难时应输氧。皮肤或眼部接触应先用水冲洗 15 分钟，严重者就医治疗。

20．煤油（Kerosene）

将患者转移至新鲜空气处，松开衣服，呼吸困难时应输氧，呼吸停止时应进行人工呼吸。皮肤接触应先用水冲洗再用肥皂彻底洗涤，眼部接触应先用水冲洗 15 分钟，严重者就医治疗。

21．氢化钠（Sodium Hydride）

应立即将患者脱离污染区，安置其休息和就医治疗。眼睛接触时应用水冲洗并就医治疗。皮肤接触应先用水冲洗，再用肥皂彻底洗涤。口服中毒者应立即漱口、饮水，并就医治疗。

22．钠（Sodium）

眼睛接触时应用水冲洗并就医治疗，烧伤时应立即就医治疗。

23．黄磷（Phosphorus）

将患者转移脱离污染区，安置其休息、保暖，严重者就医治疗。眼睛接触时应用

水冲洗并就医治疗。皮肤接触应先用水冲洗，再用肥皂彻底洗涤。口服中毒者应立即漱口、饮水，并就医治疗。

24. 萘（Naphthalene）

将吸入患者转移脱离污染区，并安置其休息、保暖。眼睛接触时用水冲洗，皮肤接触应先用水冲洗，再用肥皂彻底洗涤。口服中毒者应立即漱口，并就医治疗。

25. 硝化棉（Nitrocellulose）

硝化棉中毒时，立即将患者送医院救治。

26. 赛璐珞（Celluloid）

将患者转移至新鲜空气处，供给氧气并帮助呼吸，保持身体温暖，严重者就医治疗。

27. 丁基苯酚（Butylphenol）

皮肤接触时用肥皂水或水冲洗。误食应立即大量喝水，并送医院治疗。

28. 禾大壮（Molinate）

眼睛和皮肤接触时，用水冲洗。中毒时，应大量饮水导致呕吐，以减轻毒害。

29. 滴滴涕（Dichlorodiphenyltrichloroethane）

皮肤接触时，用肥皂水或水洗涤。

30. 氢氧化钠（Sodium Hydroxide）

皮肤接触时用大量水冲洗，口服中毒者应立即漱口，并就医治疗。

第四节　危险品事件/事故的调查

一、一般规定

（1）由于托运人未如实申报，公司内货运部门及各货运代理的工作人员操作不当，管理制度有漏洞或其他意外情况的发生，都可能造成危险品的事件或事故。

（2）一旦发生危险品事故，应认真调查、总结经验、吸取教训，今后把事故发生率降到更低水平。

（3）除非特殊情况，事故调查的初步报告必须在事故发生后72小时内完成。最初的事故调查报告可采用其他方式，但必须尽快提供正式的书面报告。

二、参加事故调查的人员

危险品事故发生后，由航空公司派人员调查，调查过程中可邀请各方面的有关人

员参加。

三、事故调查的内容

关于危险品事故的调查内容，调查人员可根据具体情况有所增减。

（1）发现事故的日期、时间、地点及人员姓名。

（2）事故中人员伤亡情况。

（3）造成经济损失的情况及估计价值。

（4）危险品的运输文件及批准证书是否齐全，是否填写正确。

（5）货运单号码、运输专用名称、UN 编号、分类、主次要危险性、包装等级及件数等。

（6）托运人和收货人的姓名、地址及工作单位。

（7）包装件的损坏情况及损坏原因，包装的质量是否符合要求，包装的鉴定单位、包装方法是否正确，标记和标签，包装件的存储情况和搬运情况。

（8）事故的经过。

四、事故的调查报告

对事故进行调查后，必须写成书面报告，书面报告除包括上述的调查内容外，还应包括如下内容。

（1）事故原因的分析及结论。

（2）预防类似事故再次发生的建议措施。

（3）撰写调查报告人员的姓名、头衔、电话号码、公司部门、地址、日期和签名。

调查人员应将完整的调查报告、全部运输文件的副本或复印件，以及现场照片各准备三份，各呈一份交给上级领导及有关部门，其余存档备查。

五、事故的责任

经调查确认，事故的责任属于托运人或代理人时，托运人或代理人应赔偿事故造成的损失，并承担法律责任；如事故纯属不可抗拒的客观情况引起的，运营人不承担赔偿责任。

本 章 小 结

本章讲述的主要内容为发生危险品事故或危险品事件时的应急处理方法，针对不同类别的危险品的处理措施，以及相应的事故调查报告。

自 我 检 测

请判断下列说法是否正确：

1. 腐蚀性物质着火，应该使用干砂土、泡沫灭火剂或干粉灭火剂扑救。

2. 气体着火，现场抢救人员应戴防毒面具，应避免站在气体钢瓶的首尾部。

3. 《危险品规则》中 4.3 项危险品着火可用水来扑救。

4. 危险品事故调查报告必须在发生事故的 24 小时内完成。

5. 危险品事故若由于不可抗拒的客观情况引起，运营人需承担赔偿责任。

6. 若作业人员皮肤接触到苯，应立即用水冲洗并就医治疗。

第十一章　锂电池航空运输

引　言

2018年2月25日，广州飞往上海虹桥的某航班在登机过程中，一名旅客携带的充电宝在行李架内冒烟并出现明火。幸亏机组人员及时有效地进行了应急处置，才未造成进一步损害。

近年来，在航空运输过程中由于锂电池货物和旅客行李中的锂电池起火、自燃引发的事故时有发生。由于锂电池自身性质较特殊，在外界环境影响下容易自发反应，温度升高，继而出现热失控，引起燃烧甚至爆炸。

众所周知，锂电池是目前性能水平最先进、发展最迅猛的民用化学电源，已成为高端便携式消费电子产品的首选配套电源，应用领域非常广泛，从电子玩具、办公产品到医疗设备、电动汽车，甚至航空航天、军事设备，无一不被锂电池所涉足。2017年，我国锂离子电池累计完成产量11.8亿自然只，电池制造业累计完成出口交货值为924.8亿元，同比增长18.3%。对于锂电池制造行业而言，没有运输就没有生产，而无论是旅客出行还是货物运输，民航飞机都是锂电池非常重要的运输方式之一。那么，如何保障锂电池航空运输的安全呢？这便是我们本章要学习的内容。

本章我们将学习以下知识。

（1）锂电池基础知识。

（2）行李中锂电池的运输规定。

（3）锂电池机上应急处理。

（4）锂电池货物运输。

第一节　锂电池基础知识

一、锂电池分类

（1）锂电池按照结构分为锂电池芯和锂电池。

① 锂电池芯（Lithium Cell）：由一个正极和一个负极组成，且两个电极之间有电位差的单一的、封闭的电化学装置。电池芯是锂电池组件中的重要组成部分，不能直接作为电池使用，只是提供动力的，需要配上保护电路，加上外壳包装后才能组成一个成品电池。

② 锂电池（Lithium Battery）：用电路连接在一起的两个或多个锂电池芯，并安装使用所必需的装置，如外壳、电极端子、标记和保护装置等。

（2）锂电池按照性质分为锂金属电池（包括锂合金电池）和锂离子电池（包括锂离子聚合物电池）。

① 锂金属电池（Lithium Metal Battery）：内含金属态的锂，以金属锂或锂合金为负极材料，金属氧化物或其他氧化剂为正极材料，固体盐类或溶解于有机溶剂的盐类做电解质，通常是不可充电的一次性电池。

② 锂离子电池（Lithium Ion Battery）：不含金属态的锂，以锂化合物为正极材料，石墨为负极材料，锂盐溶解于有机溶剂中形成的溶液做电解质，是可以充电的二次电池。

二、锂电池热失控

在某些情况下，锂电池的内部会发生多种化学反应并产生大量的热，这会引起电池温度升高，当热量累积到某一临界值时会导致电池燃烧和爆炸，即热失控。空运常见的单个 CR17345（CR123A）型锂金属电池热失控时最高温度可达 950℃，单个 18650 型锂离子电池热失控时的最高温度可达 870℃。

锂金属电池与锂离子电池一旦发生热失控，燃烧过程均持续几秒且存在两个关键节点：初爆和二次燃烧。初爆时，电池正极泄压装置破裂，喷射出少量电解液，并释放出大量可燃的有机气体（多种碳氢化合物的混合物）。二次燃烧时，电池发生剧烈燃烧爆炸，火花四射，产生强光及大量烟气，同时爆炸产生巨大的冲击力。锂金属电池还会通过电池排气口喷洒白热化熔融锂。

案 例 一

UPS 坠机祸起锂电池　美国采取运输限制措施

2010 年 9 月 3 日，美国联合包裹运送服务公司（简称 UPS）的一架货机在迪拜坠毁（如图 11-1 所示）。有消息称，（该货机上所搭载的）锂电池引发驾驶舱起火冒烟，浓烟充斥着整个驾驶舱。随后飞机在迪拜坠毁，两名飞行员死亡。

据报道，失事的 UPS 货机（从中国香港起飞，经迪拜飞往德国）搭载了大量的家用电子产品。事发现场一片狼藉，飞机残骸散布了六个足球场大小的面积，货机高速撞击地面产生了很多难以识别的碎片。

调查人员发现，在飞行途中，货舱中所搭载的 81000 只锂电池起火，导致飞机操作困难，机组人员只能用自动驾驶维持平衡。机长打算返回迪拜，但烟雾慢慢笼罩了驾驶舱，使机组人员看不清仪表盘。大火迅速蔓延，使得机长的氧气罩无法提供氧气，机长在摸索备用氧气罩的过程中，被浓烟呛倒，失去意识。

本次事故导致美国政府对航空货运实行新的限制措施，并实行锂电池包装新方法。该措施将包括对锂电池包装的新要求及对锂电池和电子产品运输的限制。

2010 年 10 月，美国联邦航空管理局（FAA）发布了一份安全警告，其中对于客机携带大量锂电池产品做出了限制。同期，波音公司也修改了飞行员留意火灾发生的程序，这也尽可能降低烟雾对驾驶舱的影响。

图 11-1　锂电池起火导致 UPS 坠机

三、锂电池的危险性

锂电池属于第 9 类杂项危险品，航空运输过程中应关注锂电池所具有的以下危险性。

（1）锂电池本身是一个氧化还原体系，可以自发剧烈反应。

（2）内部或外部短路、过度充电、高温、挤压、产品质量缺陷，在使用、搬运、包装、储存等环节操作不当等原因均可能导致锂电池自发反应，温度升高，继而出现热失控引起燃烧、爆炸。

（3）无论因内部原因还是外部加热或物理撞击，锂电池都能够产生足够的热量使相邻的锂电池也发生热失控，或者引燃临近物品。

（4）飞机上的海伦灭火器仅可扑灭锂电池明火，但无法阻止电池之间的热传导引起的热失控。

（5）锂电池燃烧时会发生复杂的化学反应，产生氢气、氧气、甲烷、氟化氢等危险性气体。

（6）锂电池燃烧时还会产生大量有害粉尘，影响飞行机组人员视线，危及机组人员和旅客身体健康。

飞机行李架内摄像机起火

2011 年 5 月 25 日，国内某航班（北京—上海）在起飞爬升过程中，公务舱行李架内，一名美籍旅客所携带的摄像机锂电池发生火情。机组人员迅速采取应急措施，连续使用 3 个灭火瓶后，将火扑灭。

经初步调查发现，起火原因是该旅客放置在行李箱内的 SONY 专业摄像机中的锂电池（额定能量 130Wh）发生自燃所致（如图 11-2 所示）。

图 11-2　旅客摄像机锂电池自燃

美国 UPS 货机起火　罪魁祸首或为锂电池

2006 年 2 月 8 日，一架 UPS 的飞机在接近费城时所载货物突然起火，飞机在零点 22 分时降落，机身中冒出了火焰。费城的消防人员花了 4 个小时来与大火做斗争。当时这架 39 年机龄的 DC-8 停留在机场的主跑道上，直到凌晨 4 点零 8 分大火才得到控制（如图 11-3、图 11-4 所示）。

根据事故调查，怀疑造成飞机起火的罪魁祸首就是锂电池。美国国家运输安全委员会（NTSB）于同年 7 月 12 日至 14 日举行听证会，就 UPS 飞机失火与其所装载锂电池的关系进行听证。

NTSB 事故原因指向：笔记本电脑锂离子电池。

图 11-3　被大火烧毁的 UPS 飞机

图 11-4　被大火烧毁的 UPS 飞机货舱

四、锂电池自燃的预防及应对[①]

1．使用过程中预防自燃措施

（1）使用与电池相匹配的充电器为电池充电。

（2）不要在手机充电的时候通话。

（3）随身携带锂离子电池时，应注意远离其他金属物体。

---

① http://www.360powder.com/info_details/index/4271.html

159

（4）避免电池被过度充电或过度放电，二者都会破坏电池内部的保护电路。

（5）大量储存锂离子电池的地方，应注意控制环境温度，避免外力的撞击。

2．锂电池自燃后的应对方法

（1）首先切断电源。

（2）当电池开始自燃时，应立即对电池做持续的降温处理，用水扑救是最理想的解决办法。如果火势较大，可使用干粉灭火器或二氧化碳灭火器扑灭明火，然后用水给受损的电池持续降温，持续关注自燃电池，如果仍旧发热，则继续用水为电池降温，直至完全冷却。

（3）阻隔可燃物。在条件允许的情况下，迅速移开发生自燃的电池周围的可燃物。

（4）不得使用冰块降温。冰块会将锂电池覆盖起来，导致内部的热量散发不出来，持续的高温进一步促使化学反应加剧，电解质气体大量积聚，进而引发电池的爆炸，其威力和破坏性比电池平静的自燃更可怕。

（5）即使出现明火，也应避免使用泡沫灭火器，因为喷出的泡沫会附着在电池外围形成热绝缘体，从而增加化学反应，产生更多的热量。

五、锂离子电池额定能量的计算

额定瓦特小时（Wh）（如图 11-5 所示）是一种规范锂离子电池的计量标准，2009年 1 月 1 日以后生产的锂离子电池都要求用额定瓦特小时进行标记。

图 11-5　锂离子电池的额定瓦特小时

如果已知电池的标称电压（V）和标称容量（Ah），可以通过计算得到额定瓦特小时的数值，计算公式：额定能量 Wh=标称电压 V×标称容量 Ah。

标称电压和标称容量通常标记在电池上。如果电池上只标记了毫安小时（mAh），可将该数值除以 1000 得到安培小时（Ah）（例如，4400 mAh/1000=4.4Ah）。

锂离子电池额定能量的计算示例如图 11-6 所示。

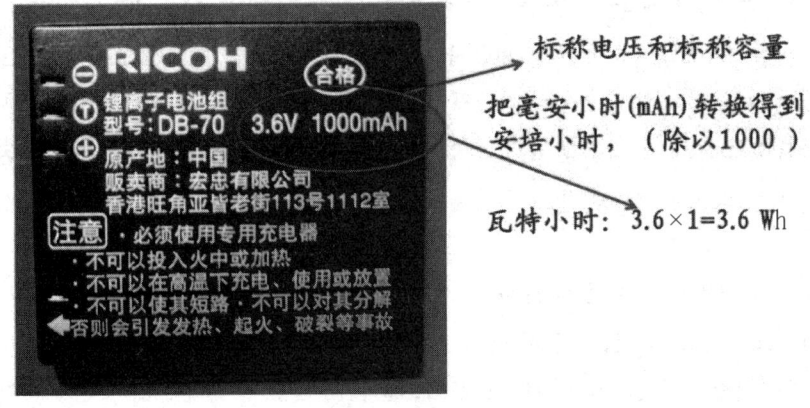

图 11-6　锂离子电池额定能量的计算示例

一般情况下，消费者使用的大多数锂离子电池的额定瓦特小时都低于 100Wh。而山寨电池的额定能量值经常会大于 100Wh，甚至大于 160Wh，其危险程度无异于一枚定时炸弹。有些低质量电池做工粗糙，没有保护层，这也是非常危险的。

六、锂电池航空运输限制

锂电池在交付运输前，需根据联合国《试验及标准手册》第Ⅲ部分第 38.3 节的方法进行安全性试验。该试验模拟运输中可能出现的压力变化、温度变化、振动、冲击、撞击、短路、过度充电、强制放电等。此试验主要用于测试电池的运输安全性，而非电池质量测试。

原型锂电池或低产量锂电池未进行 UN38.3 测试的应获得始发国主管部门的书面批准，方可根据 DGR 特殊规定 A88 的相关要求进行航空运输。

禁止运输的锂电池通常包括如下几种类型。

（1）任一特定型号的锂电池，如果既未通过 UN38.3 测试，也没有主管部门的批准文件，则不得进行航空运输。

（2）被制造商认为存在安全缺陷召回（根据 DGR 特殊规定 A154）及废弃回收（根据 DGR 特殊规定 A183）的电池芯和电池禁止空运。

（3）始发国、中转国、目的地国、航空经营人所在国及经营人声明禁止运输的锂电池不得进行航空运输。

中国民航局：全面禁止携带和运输三星 Galaxy Note7

2016 年 9 月，三星 Galaxy Note7 手机发布仅一个多月，已在全球范围内发生三十多起因电池缺陷造成的爆炸和起火事故，官方声称自燃原因为锂电池。

2016 年 10 月 5 日上午，美国西南航空公司旗下一架航班号为 994 的客机发生火灾，起因是一部三星 Galaxy Note7 手机冒烟起火，所幸全部乘客和机组人员及时疏散，没有造成伤亡。

2016 年 9 月 18 日，中国国行版三星 Galaxy Note7 首次爆炸。9 月 18 日至 10 月 3 日，国行版三星 Galaxy Note7 共发生七起爆炸。

中国民用航空局于 2016 年 10 月 27 日起全面禁止旅客和机组人员携带和运输三星 Galaxy Note7 手机。

民航局在通告中指出，针对三星 Galaxy Note 7 手机存在的问题，为确保航空运输安全，从 2016 年 10 月 27 日起，民航局严禁旅客和机组人员随身或在手提行李中携带三星 Galaxy Note 7 手机；严禁将三星 Galaxy Note 7 手机放入托运行李中托运；严禁将三星 Galaxy Note 7 手机作为航空货物收运。

民航局要求航空公司及其地面服务代理人、航空销售代理人在售票、办理乘机手续、货物收运等环节针对上述规定内容履行告知义务。

对于违反上述规定者，公安机关、民航行政机关将根据情节，依照国家有关法律、法规严肃处理。

自 我 检 测

一、单项选择题

1. 锂电池属于第几类/项危险品？（　　　）

    A. 2.3　　　　　　B. 3　　　　　　C. 6.1　　　　　　D. 9

2. 一块锂电池的标称电压为 11.1V，标称容量为 4400mAh，则其额定能量是（　　　）。

    A. 11.1Wh　　B. 48.84Wh　　C. 4.4Wh　　D. 48840Wh

3. 锂电池按照性质分为锂金属和（　　　）电池。

    A. 锂合金　　　B. 锂离子　　　C. 锂聚合物　　　D. 锂电池芯

4. 以下对于锂电池的危险性描述错误的是（　　　）。

    A. 锂电池本身是一个氧化还原体系，可以自发剧烈反应

B. 由于操作不当等原因可能导致锂电池自发反应，温度升高，继而出现热失控引起燃烧、爆炸

C. 锂电池燃烧时会发生复杂的化学反应，产生氢气、氧气、甲烷、氟化氢等危险性气体

D. 锂电池是一种具有腐蚀性的危险品

二、简答题

1. 哪些锂电池是禁止航空运输的？

2. 你在日常生活中是否会使用锂电池？哪些物品中会含有锂电池？你认为生活中应该如何避免锂电池自燃？如果遇到锂电池发热、冒烟或起火时应该如何处理？

第二节　行李中锂电池的运输规定

案例四

飞行中旅客佩戴的耳机爆炸　究竟何故引发

北京时间 2017 年 3 月 15 日，在一架北京飞往墨尔本的航班上，一位旅客的耳机电池中途爆炸，导致其面部受伤。随后，澳大利亚交通安全局（以下简称 ATSB）就此发出警告。

ATSB 表示，这位女性旅客当时在飞机上听着音乐入睡，2 小时后，她所佩戴的装有电池的耳机突然爆炸。她当时听到爆炸声，"当我醒来时，感到面部灼伤。"她说，"我赶紧抓了抓脸，导致耳机滚向脖子，但还是感觉很烫，所以赶紧把它们扔到地上。耳机冒出火星，还有一小撮火苗。"机组人员迅速向耳机上泼了一桶水，但电池和外壳烧化后粘在飞机地板上。在剩余的飞行时间内，乘客不得不忍受塑料、电子器件和头发烧化而产生的气味。"人们一路上都在咳嗽。"那位乘客说。

ATSB 随后在安全警告中表示，随着使用电池的电子产品数量不断增加，导致此类问题发生的概率也在提升。因此，所有不使用的电池设备都必须存放起来，而备用电池必须手提携带，不能托运。

在电子设备泛滥的现代社会，手机、平板电脑、摄像机、照相机、电子阅读器等各种不同类型的便携式电子设备充斥在我们生活和工作的各个角落中，可以说无处不在，民航飞机上也是如此。当这类物品为人们的生活带来便利和乐趣的同时，也随之带来了一定的烦恼。因为多数便携式电子设备中都因含有锂电池而在运输中受到了很大的限制，很多旅客在乘机时都有此类的困惑："我这个摄像机可以带上飞机吗？""我的笔记本电脑可以托运吗？""飞机上可以使用平板电脑吗？""孩子的电动玩具里面

有电池，能过安检吗？"……

本节内容将为大家解答这些疑惑。

根据 IATA 颁布的《危险品规则》2.3 节（旅客和机组人员携带的危险品）规定，以及中华人民共和国民用航空行业标准《锂电池航空运输规范》和《旅客和机组关于携带危险品的航空运输规范》等相关法规文件，旅客及机组人员携带锂离子电池乘坐民用航空器需遵守以下规定。

（1）携带的锂离子电池额定能量不允许超过 160Wh，超过 160Wh 的应按照危险货物手续进行运输。

（2）内含锂离子电池的机上便携式电子设备（PED）（如手提电脑、照相机、便携式摄像机等），应按如下规则携带运输。

① 可放置在托运行李及随身行李中。

② 应有防止意外启动的措施。

③ 锂离子电池额定能量不应超过 100Wh，且每人最多可携带 15 个 PED，仅在经营人批准的情况下可以超过限制的数量。

④ 额定能量在 100Wh（不含）至 160Wh（含）的设备锂离子电池，应经运营人（航空公司）批准。

⑤ 电池必须是符合联合国试验与标准手册第III部分 38.3 节要求的型号。

（3）备用锂离子电池，应按以下规定携带运输。

① 只可放置在随身行李中。

② 应单个做好保护以防短路，可将备用电池放置于原厂零售包装中或对电极进行绝缘处理——例如，将暴露出的电极用胶布粘住、将电池单独装在塑料带或保护袋中。

③ 单个锂离子电池额定能量不应超过 100Wh，且每人最多可携带 20 块备用电池。

④ 经运营人（航空公司）批准，可携带额定能量在 100Wh（不含）至 160Wh（含）的备用锂离子电池，但不能超过 2 块。

⑤ 电池必须是符合联合国试验与标准手册第III部分 38.3 节要求的型号。

以上规定同样适用于移动电源（充电宝），但不得在飞行过程中使用充电宝给电子设备充电。严禁携带未标明额定能量同时也未能通过标注的其他参数计算得出额定能量的充电宝。

2018 年 1 月 16 日，中国民航局飞行标准司正式发布《机上便携式电子设备使用指南》（以下简称《指南》）。《指南》指出，此次在飞机上放开的设备包括机上便携式电子设备（简称 PED，含笔记本电脑、平板电脑、电子书、手机、视频播放器和电子游戏机等）、发射型便携式电子设备（能够主动发射无线电信号的 PED）、非发

射型便携式电子设备（不具备无线电发射功能的 PED 或具备无线电发射功能，但功能已被关闭的 PED）等三种 PED。

　　海南航空于 1 月 17 日宣布，正式在航班上开放机上便携式电子设备（PED）的使用。17 日晚 9 时 36 分，由海南航空总裁孙剑锋执飞的海口至北京的 HU7781 航班顺利起飞，标志着海南航空正式开放 PED 的使用。该趟航班旅客成为内地首批在飞机上使用 PED "吃螃蟹" 的人[①]。

　　但《指南》中也明确规定，在空中应关闭便携式电子设备的蜂窝移动通信功能（语音和数据）。并且在飞行期间，当机长发现存在电子干扰并怀疑该干扰来自机上乘员使用的便携式电子设备时，机长和机长授权人员应当要求其关闭这些便携式电子设备，情节严重的应当在飞机降落后移交地面公安机关依法处置，并在事后向相关部门报告。

　　（4）锂电池驱动的轮椅/助行器。

　　因残疾、健康、年龄原因或暂时（例如，腿部骨折）行动不便的旅客使用的装有锂离子电池驱动的轮椅或其他类似的助行器，乘机携带时须满足以下条件。

　　①　电池型号必须通过联合国《试验和标准手册》UN38.3 节规定的每项实验的要求。

　　②　运营人必须核实以下内容。

　　A. 电池两极能防止短路（例如，将电池封装在电池盒内）。

　　B. 电池牢固安装在轮椅或助行器上。

　　C. 电路已被阻断。

　　③　助行器在运输时必须采取保护措施，防止由于行李、邮件、备用品或其他货物的移动而受到损坏。

　　④　如果助行器经过专门设计，允许由用户拆下电池（例如，可拆卸的）。

　　A. 必须拆下电池，拆下电池的轮椅或助行器可作为不受限制的托运行李运输。

　　B. 电池两极必须做好防短路措施（例如，在暴露出的电极上贴胶带，使电极绝缘）。

　　C. 保护电池免受损坏（例如，将电池放在单独的保护盒中），卸下的电池必须作为手提行李带入客舱。

　　D. 将电池从设备上拆卸时，必须遵循制造商或设备所有人的指示。

　　E. 电池额定能量不得超过 300Wh，或设备操作需要安装两个电池时，每个电池不得超过 160Wh。

　　F. 至多可携带一个额定能量不超过 300Wh 的备用电池，或两个额定能量均不超过

---

① http://news.sina.com.cn/o/2018-01-17/doc-ifyquixe3464025.shtml

160Wh 的备用电池。

⑤ 必须将装有锂电池助行器的装载位置通知机长，或将拆下带入客舱的锂电池的具体位置通知机长。

⑥ 建议旅客在运输前与运营人做好安排。

旅客和机组人员乘机时携带锂电池和内含锂电池的设备，包括移动电源，必须严格遵守上述规定。锂电池和内含锂电池设备行李运输规定一览表见表 11-1。

表 11-1 锂电池和内含锂电池设备行李运输规定一览表

		额定能量/锂含量	行李类型	数量限制	批准	保护措施	通知机长
便携式电子设备（PED）		≤100 Wh 或≤2 g	托运或手提	15 个	—	防意外启动	—
		100～160 Wh		—	经营人批准		—
单独/备用电池		≤100 Wh 或≤2 g	手提	20 块	—	单个保护	—
		100～160 Wh		2 块	经营人批准		
电动轮椅或助行器	电池不可卸	—	托运	—	建议提前告知经营人做好安排	电池防短路防受损	通知机长
	电池可卸	≤300 Wh	电池应卸下并手提				
电动轮椅或助行器的备用电池		≤160 Wh	手提	2 块			
		≤300 Wh		1 块			

案 例 五

2011 年 6 月 8 日，广州—胡志明一航班在地库分拣行李的过程中，分拣员发现中转行李拖斗上有一件行李正在冒烟，并伴有明火，分拣员立即隔离着火行李并进行灭火处理，由于处理妥当及时，未造成其他损失。

经询问旅客，着火物品疑为玩具汽车的遥控器（内装锂电池）。事后，旅客及其托运行李已移交机场公安调查处理。

自 我 检 测

一、单项选择题

1. 旅客乘机携带额定能量超过（   ）的锂离子电池需要事先得到航空公司批准。

    A．50Wh   B．100Wh   C．160Wh   D．220Wh

2．额定能量不大于 100Wh 的内含锂离子电池的便携式电子设备，在未经运营人批准的情况下，每人最多可在手提行李中携带（　　）个。

　　A．2　　　　　　　B．5　　　　　　　C．15　　　　　　　D．20

3．额定能量大于 100Wh 但不超过 160Wh 的锂离子备用电池，由经营人批准后，每人最多可在手提行李中携带（　　）块。

　　A．2　　　　　　　B．5　　　　　　　C．15　　　　　　　D．20

4．关于民航旅客携带充电宝乘机的规定，以下说法错误的是（　　）。

　　A．充电宝既能在手提行李中携带，也可以托运

　　B．充电宝额定能量不超过 100Wh 的无须航空公司批准

　　C．严禁携带额定能量超过 160Wh 的充电宝

　　D．不得在飞行过程中使用充电宝给电子设备充电

二、简答题

1．无须经营人批准的旅客或机组人员个人携带的备用锂金属或锂离子电池需满足什么要求？

2．某旅客乘机时携带了一个电动轮椅，该轮椅配有一个瓦特小时数为 200Wh 的锂离子电池，电池可拆卸。请问此轮椅应以哪种方式运输？电池是否可以携带？运输时的注意事项有哪些？

第三节　锂电池机上应急处置[①]

2018 年 2 月 25 日，广州飞往上海的某航班上，有乘客的充电宝冒烟并着火。起火后，客舱乘务人员第一时间用矿泉水浇灭火焰的行为却成了众多旅客及网友关注的焦点。从小就被告诫不要用水去给"电"灭火的人们纷纷开始质疑乘务员的灭火方式，认为她们非常不专业，"飞机上难道没有灭火器吗？为什么用矿泉水和饮料而不用灭火器呢？……"那么，锂电池在飞机上起火时究竟应该如何灭火，采取怎样的应急处置措施呢？

根据"中国民用航空安全信息系统"数据统计，2015 年以来，航空运输的行李、货物中由锂电池引发的起火、冒烟事件多发。锂电池属于第 9 类杂项危险品，其起火/冒烟时具有高温、燃烧、爆炸等特殊危险性，在进行应急处置时与机上其他火情的处置程序不尽相同，机组人员只有掌握正确科学的方法，才能更好地实施及时有效的应急处置，从而保障飞行安全。

---

① 锂电池机上应急处置指南.中国民用航空局.MD-TR-2017-01.2017.12.01.

中国民用航空局于 2017 年 12 月 1 日发布了《锂电池机上应急处置指南》。

该《指南》于 2018 年 3 月 1 日起正式施行。

《指南》中提及的"锂电池"包括旅客和机组携带的锂电池及含锂电池设备、锂电池货物和含锂电池的电子飞行包、机供品等，但不包括飞机运行所需的机载设备。

一、处置原则

锂电池机上起火/冒烟等事件突发性强，应急处置时应注意以下几点。

1. 确保人员安全

关键在于控制客舱秩序，疏散临近人员，做好自身防护。

2. 及时报告情况

关键在于及时、准确地向机长报告现场情况。

3. 注重协同联动

关键在于客舱机组人员和飞行机组人员之间及时沟通，注重机组之间、机组内部、机组人员与其他人员的协同联动。

4. 准确判断处置

关键在于准确判断情况，迅速做出响应，合理利用资源，采取适当有效的处置措施。

二、客舱内锂电池应急处置程序与注意事项

1. 客舱内锂电池应急处置程序

客舱内锂电池起火、冒烟的应急处置程序包括查明原因、明确信息，报告情况、保持联络，切断电源，实施灭火，冷却降温，移动和监控，以及落地后处置共 7 步，客舱机组人员与飞行机组人员分别需要采取的措施见表 11-2。

表 11-2　客舱内锂电池应急处置程序

步骤说明	客舱机组人员的行动	飞行机组人员的行动
1. 查明原因，明确信息	□ 查明物品，确认由锂电池引发 □ 掌握事件发生位置、现象、涉及人员，确定处置措施 □ 维持客舱秩序，安抚旅客，必要时进行人员疏散、转移	

续表

步骤说明	客舱机组人员的行动	飞行机组人员的行动
2. 报告情况，保持联络	□ 立即向机长报告，保持联络，在必要时进行持续报告	□ 视情况向空中交通管制部门（ATC）报告 □ 保持与客舱机组人员联络 □ 视情况做好防护，按手册启动相应程序 □ 保持驾驶舱门关闭，做好进一步应急处置准备
3. 切断电源（适用时，此步骤也许已在查明原因环节完成）	□ 关闭含锂电池设备电源 □ 断开含锂电池设备的外接电源或与该设备相连的机上电源 □ 断开机上相关电源	□ 按非正常检查单完成相关程序
4. 实施灭火	□ 按事发位置，实施相应灭火处置，注意人员安全防护 □ 准备冷却用容器 □ 做好进一步应急处置准备 □ 向机长报告处置情况	
5. 冷却降温	□ 用水或其他不可燃液体对锂电池、含锂电池设备或相关行李进行淋洒降温 □ 评估灭火后锂电池或含锂电池设备状态是否趋于稳定。如可能，由做好个人防护的人员将其从行李中取出继续进行冷却或在行李相应位置处开口向内灌水冷却	
6. 移动和监控	□ 确认灭火后的设备不再出现冒烟等现象，状态稳定后，使用注入水的垃圾箱、冰桶等辅助工具移动其至风险较小区域 □ 指派专人监控 □ 记录事件经过，留存相关物证 □ 向机长报告处置情况	□ 保持与客舱机组人员联络 □ 做好进一步应急处置准备
7. 落地后处置	□ 向相关人员报告并移交相关物证 □ 配合事件调查和报告的相关工作	□ 向相关人员报告并移交相关物证 □ 配合事件调查和报告的相关工作

注1：机组人员在实施应急处置时应根据实际情形酌情对步骤进行合并或调整，以达到更好的处置效果。

注2：风险较小区域包括盥洗室、操作间、最低爆炸风险区等区域。

2．处置注意事项

（1）机上处置资源。

① 应急设备和辅助工具。

机上可用于锂电池应急处置的设备有灭火设备和防护设备。灭火设备包括海伦灭火瓶、水灭火瓶等，防护设备包括防护式呼吸保护装置、防火手套等。除这些设备外，机组人员可以考虑使用机上易得物品作为锂电池应急处置的辅助工具。比如：碳酸饮料、茶水、咖啡、果汁等不可燃液体可以用来实施灭火和冷却处置；湿毛毯、湿枕头等可以用来防止火源周围的物品被引燃和火势蔓延；机上供品箱、冰桶、垃圾箱、餐车可以作为冷却或移动相关物品的容器；湿毛巾可以作为隔热防护用品等。

机上应急设备如图 11-7 所示。

图 11-7　机上应急设备

② 援助者。

在机组人员的数量或力量不足以顺利实施应急处置时，应考虑挑选机上其他适合的人员作为援助者，协助机组完成相关处置工作。援助者可以考虑选择航空公司雇员、军人、警察或其他身体状况适宜的旅客。机组人员应告知援助者需要其协助的工作，并确认其已理解告知的内容。

（2）查明原因。

当客舱内出现起火、冒烟事件时，应考虑事件是否由锂电池引发，客舱机组需立即向周围人员询问甄别，尽量确定起火、冒烟物品的性质及位置。如涉事物品所处位置较隐蔽，应根据其产生的火光、烟雾或热量确定其大致位置。只有确认起火、冒烟事件由锂电池引发后，才可以按照规定的程序进行应急处置。

（3）客舱秩序维护。

锂电池燃烧会发出火光，产生大量烟雾，甚至出现燃爆现象，容易造成机上旅客恐慌。为避免由此带来其他的客舱安全隐患，客舱机组在应急处置之初应注意控制客舱秩序，并在整个处置过程中自始至终监控客舱安全。

必要时客舱机组应转移和疏散旅客，并随时提醒就座旅客系好安全带。经营人应考虑制定在客舱座位满员的情况下疏散转移相关区域旅客的办法，并在公司指导文件和训练中向客舱机组人员进行相应的指导和说明，以确保应急处置中机上旅客可以得到妥善安置。

案例六

2002 年 5 月 7 日，中国北方航空公司的 CJ6136 麦道客机由北京返回大连途中，因乘客张丕林纵火导致飞机失事，并在大连海域发生空难，机上 112 人全部遇难。

通过调查，并经周密核实，认定"5·7"空难是一起由于乘客张丕林纵火造成的破坏事件。

起火后，后舱乘务员去灭火，而由于高温和烟雾熏呛等关系，乘客纷纷离座逃向前舱，导致飞机重心偏移，平衡失控，进而向下坠落，在撞击海面时解体，机上人员全部遇难。

（4）向机长报告的要素。

发生锂电池起火、冒烟事件时，客舱机组应立即将相关情况准确、客观、简洁地向机长报告。在随后应急处置的必要节点，客舱机组应及时和持续地进行报告，以便机长和飞行机组随时了解危险状况及处置效果，判断事态发展趋势并采取进一步行动。

经营人应根据公司实际情况明确报告的要素。客舱机组应根据实际情况，以准确简要为原则，在报告时视情况合并或省略不重要的报告信息。

（5）灭火小组。

组成灭火小组实施锂电池应急处置程序是锂电池机上应急处置的有效方式之一。小组可以由若干个客舱机组人员，或一名飞行机组人员和若干客舱机组人员组成，通常依据航前准备的号位划分来确定职责，也可以根据当时情况由机长或客舱机组主管协定调配。处置过程中，灭火小组应至少有一人佩戴防护设备。

灭火小组人员所承担的行动角色及主要职责分别如下所示。

① 主要消防员。通常是发现火情的人，或距离灭火设备最近的人，主要职责是查明火源，根据火情发生位置正确使用灭火设备并实施灭火（如图 11-8 所示）。

② 联络员。主要负责两机组间的信息传递。联络员应及时按公司手册要求向机长报告相关信息，并向客舱机组人员反馈飞行机组人员的进一步指令。

③ 辅助消防员。作为第二消防员，负责收集机上可使用的灭火设备及其他可利用资源，监控灭火设备的使用时间和数量，做好自身防护，及时替换主要消防员或为其提供帮助。疏散转移安置火源区域人员，指导并协助相关人员采取防护措施。转移或妥善安放相关区域的氧气瓶或其他设备；提前准备好适于冷却锂电池、含锂电池设备或相关行李的容器。

除以上承担灭火小组职责的客舱机组人员外，其他客舱机组人员应按其号位承担各自的其他客舱安全职责。

单人客舱机组的主要职责是实施灭火，应考虑挑选援助者协助其行动。

图 11-8　客舱机组实施行李架锂电池灭火

（6）人员防护。

在处置中应始终以保障机上人员的人身安全为首要原则，使用所有可利用资源，做好人员防护。为及时进行处置，承担主要消防员职责的客舱机组人员可能无法及时穿戴好相应的防护设备。客舱机组人员在飞行前准备阶段应考虑此类状况，根据当天航班的情况准备相应的物品或工具以备应急之需，如在操作间明显位置放置湿的餐巾、湿毛巾用作衬垫或掩住口鼻等。处置中应及时向旅客发布必要的安全提示，对防护方法进行指导，并提供适当的防护用品。如在烟雾较大时提醒旅客保持低姿态，分发湿毛巾，或提示旅客用衣服或座椅上的头片掩住口鼻。

若需要离开驾驶舱协助客舱机组人员灭火，飞行机组人员在离开驾驶舱前应佩戴防护式呼吸装置（如图 11-9 所示）。若需要协助紧急撤离工作，在怀疑客舱有烟雾或烟尘时，飞行机组人员也应佩戴防护式呼吸装置。

（7）灭火处置。

机上配备的海伦灭火瓶、水灭火瓶、水或其他不可燃液体均可用于扑灭锂电池火情，防止火势蔓延。但因锂电池的特殊危险性，海伦灭火瓶无法彻底扑灭锂电池火情，仅可扑灭锂电池燃烧的外部火焰，阻止周围物品的燃烧。水灭火瓶既可消除明火又具有一定的冷却作用，可作为锂电池机上应急处置的首选（若起火物品不明，应遵照公司手册的一般灭火程序实施灭火，确认由其他物品引起的，应遵照相应程序处置），但使用时应考虑避开驾驶舱飞行仪表区域或客舱内操作面板等电子设备。

禁止使用灭火毯等类似用品覆盖或包裹锂电池或含锂电池设备进行灭火。禁止移动或从行李中取出正在起火、冒烟的锂电池或含锂电池设备。禁止从含锂电池设备中取出正在起火、冒烟、发热的锂电池。

图 11-9　佩戴防护式呼吸装置实施灭火

（8）冷却和监控。

在有效实施灭火处置后，应立即用水或其他不可燃液体对锂电池、含锂电池设备或相关行李进行淋洒冷却降温，防止锂电池复燃。

禁止使用冰块或干冰覆盖锂电池或含锂电池设备进行冷却，有少量冰块的冰水可用于冷却。

水或其他不可燃液体淋洒到起火、冒烟的锂电池或含锂电池设备上时可能会产生蒸汽，为避免灼伤，处置中应做好人员防护。

对于放置在行李内的锂电池或含锂电池设备，如行李材质为防水材料，或行李体积较大不便冷却时，应评估涉事锂电池或含锂电池设备状态是否趋于稳定，如可能，由做好个人防护的人员将其从行李中取出继续进行冷却；或根据询问行李所属人和发热位置确定火源大致位置后，在行李相应位置处开口向内灌水冷却。

确认冷却后的锂电池或含锂电池设备状态稳定后，由做好个人防护的人员使用注入水的垃圾箱、冰桶等辅助工具将其移动至盥洗室、操作间、最低爆炸风险区等风险较小区域，指定客舱机组人员负责监控，直至落地后移交。

锂电池或含锂电池设备仅出现发热迹象，但未起火、冒烟时，应确认设备电源关闭后，在采取适当防护的前提下，采取冷风机或置于装有冰块的不渗漏袋子上等降温方式对其进行冷却。冷却时应由专人在适当区域监控，监控可由设备所属人进行，但客舱机组应确保随时可以采取进一步处置，并提前将可能采取的措施告知设备所属人。

（9）预见性应急准备。

实施锂电池应急处置的同时，机组人员应做好着陆和启动其他应急程序的准备。

（10）行李架内锂电池应急处置注意事项。

行李架内锂电池、含锂电池设备或相关行李起火或冒烟时，应首先实施灭火处置，同时还应遵循第（1）至第（9）点注意事项。

扑灭行李架内明火或烟雾后，需打开行李架进一步确认火源位置，继续实施灭火处置（适用时），在确认锂电池、含锂电池设备或相关行李不再有燃烧迹象后，方可视情况移出。如实施灭火后，相关物品仍存在温度较高等情况，尚不能从行李架内移出时，应使用水或其他不可燃液体对其进行淋洒冷却。考虑水或其他不可燃液体会流入机体壁板内或流到座椅上，在可能的情况下，应使用塑料袋、毛毯等进行遮掩或毛巾吸拭的方法减少机体受损。

取出的锂电池、含锂电池设备或相关行李应立即用水或其他不可燃液体浇洒进行冷却，进而放入容器浸泡并进行监控。

三、驾驶舱内锂电池应急处置程序与注意事项

1．驾驶舱内锂电池应急处置程序

驾驶舱内锂电池起火、冒烟的应急处置程序及具体措施，见表 11-3。

表 11-3 驾驶舱内锂电池应急处置程序

步骤说明	飞行机组人员的行动	客舱机组人员的行动
1．查明原因，明确信息	□ 确认起火或冒烟由锂电池引发 □ 确定启动的处置程序	
2．报告与通信联络	□ 视情况向空中交通管制部门（ATC）报告 □ 适用时，通知客舱机组人员，做好应急处置的援助准备	□ 按飞行机组人员的指令做准备
3．适用时，切断电源	□ 关闭相关设备电源 □ 断开相关设备的外接电源或与该设备相连的机上电源	□ 按非正常检查单完成相关程序
4．实施灭火处置	□ 做好自身防护 □ 按相关手册实施灭火程序	□ 按飞行机组人员的指令采取行动
5．冷却降温与移动	□ 确认其状态稳定后，使用注入水的垃圾箱、冰桶等辅助工具将其移出驾驶舱至风险较小区域	□ 按飞行机组人员的指令采取行动
6．监控	□ 交由客舱机组人员进行监控，无客舱机组人员时指定专人监控	□ 向机长报告处置情况
7．落地后处置	□ 向相关人员报告并移交相关物证 □ 配合事件调查和报告的相关工作	□ 向相关人员报告并移交相关物证 □ 配合事件调查和报告的相关工作

2．处置注意事项

（1）锂电池燃烧时会释放大量的烟雾和刺激性气体，飞行机组人员应做好自身防

护，必要时按要求使用氧气面罩。实施灭火的飞行人员应在安全无烟区域佩戴好防护式呼吸装置和防火手套。

（2）驾驶舱内对锂电池或含锂电池设备实施灭火时应使用海伦灭火瓶。

（3）驾驶舱内实施灭火时，应注意避开飞行仪表区域，或使用适当方式对飞行仪表区域进行保护。

（4）实施应急处置时，机组人员应做好着陆和启动其他应急程序的准备。

四、货舱内锂电池应急处置程序与注意事项

1．货舱内锂电池应急处置程序

货舱内锂电池起火、冒烟的应急处置程序及具体措施，见表 11-4。

表 11-4　货舱内锂电池应急处置程序

步骤说明	飞行机组人员的行动	客舱机组人员的行动
1．发现货舱火警，确定起火源	□ 确定起火源位置、现象、涉及人员，确认应采取的相应措施 □ 确认货物中是否含有锂电池或含锂电池设备	
2．启动应急处置程序	□ 按相关手册启动应急处置程序	
3．报告与通信联络	□ 向空中交通管制部门（ATC）报告，准备着陆和相应的地面援救 □ 如运载危险品，报告相关情况 □ 适用时，通知客舱机组人员准备降落或采取其他协助	□ 按飞行机组人员的指令采取行动
4．自身防护	□ 戴好烟雾护目镜、氧气面罩或防护式呼吸装置	□ 按飞行机组人员的指令采取行动
5．着陆	□ 按空中交通管制部门（ATC）指挥到最近合适机场着陆 □ 货舱火情未得到有效控制时，请求优先着陆及地面援助	□ 按飞行机组人员的指令采取行动
6．落地后处置	□ 着陆后尽快撤离飞机 □ 按机场指示开展地面的应急响应行动 □ 配合事件调查和报告的相关工作	□ 按飞行机组人员的指令采取行动 □ 配合事件调查和报告的相关工作

2．处置注意事项

（1）为防止烟雾或刺激性气体进入驾驶舱，应始终保持驾驶舱门关闭。

（2）机上载有锂电池货物时，无论是否明确火警是由锂电池燃烧引起的，都要将相关情况报告地面相关部门，请求着陆后的地面应急处置支援。

（3）如飞行机组人员需进入货舱确认火源和火情，应在无烟区佩戴好防护式呼吸保护装置、防火手套和其他必要护具，携带手电、灭火瓶等应急设备。

（4）着陆后，通知地面人员在所有机上人员撤离且地面消防等救援到位后，才能打开货舱门。

案 例 七

北部湾航空开展锂电池冒烟失火应急处置演练

为提升机上锂电池冒烟/失火特情处置能力、优化处置程序，北部湾航空客舱与地面服务部于 2018 年 3 月 8 日开展了空地锂电池冒烟/失火应急处置实操演练。

此次演练结合民航局《锂电池机上应急处置指南》及近期南航锂电池起火事件处置经验对北部湾航空客舱锂电池三级处置程序进行了有效性验证和优化。

演练由地面真实锂电池失火处置试验和空中程序模拟两个部分组成，地面部分联动机场消防机关通过点燃真实锂电池观摩燃烧特性，制定并验证了扑灭、降温转移方案；空中部分采用真实飞机环境进行了发现火情、人员疏散、灭火处置、降温转移、情况通报及教学视频资料的采集。

此次演练有效提升了训练效果，强化了人员对锂电池风险的应对能力，为开放 PED 使用后，锂电池特情的有效处置奠定了基础。

自 我 检 测

一、单项选择题

1．客舱内锂电池起火时，应急处置的首选灭火器是（　　　）。

　　A．海伦灭火瓶　　　　　　　　　B．水灭火瓶

　　C．二氧化碳灭火器　　　　　　　D．泡沫灭火器

2．驾驶舱内锂电池起火或冒烟时，应急处置的首选灭火器是（　　　）。

　　A．海伦灭火瓶　　　　　　　　　B．水灭火瓶

　　C．二氧化碳灭火器　　　　　　　D．泡沫灭火器

3．根据锂电池机上应急处置规定，实施灭火处置的下一个步骤是（　　　）。

　　A．查明原因　　　　　　　　　　B．报告情况

　　C．冷却降温　　　　　　　　　　D．移动和监控

4．锂电池在飞机上起火时，以下哪些物品不可以作为辅助用品进行灭火和冷却处置？（　　　）

　　A．冰块　　　　　　　　　　　　B．碳酸饮料

　　C．茶水　　　　　　　　　　　　D．咖啡

5．锂电池在飞机上起火时，以下哪些物品不可以作为冷却或移动相关物品的容器？（　　　）

  A．冰桶   B．垃圾箱

  C．毛毯   D．餐车

6．以下对于锂电池机上应急处置（客舱内）的注意事项描述错误的是（　　　）。

  A．客舱机组须尽量确定起火、冒烟物品的性质及位置，确认起火、冒烟事件由锂电池引发

  B．客舱机组应自始至终监控客舱安全

  C．飞行机组人员在离开驾驶舱之前应佩戴好防护式呼吸装置

  D．扑灭明火后，可以用冰桶内的大量冰块对锂电池进行降温冷却

二、简答题

某航班飞行过程中，机上配备的个人娱乐设备平板电脑在座椅后的置物袋内起火。作为第一个发现该情况的客舱组成员，你应该怎么做？此时应采取的应急处置程序是怎样的？

第四节　锂电池货物运输

一、锂电池货物运输方式

锂电池按照货物运输的方式有 3 种：锂电池单独运输（《危险品规则》第五章包装说明 PI965/968）、与设备包装在一起（《危险品规则》第五章包装说明 PI966/969）和安装在设备中运输（《危险品规则》第五章包装说明 PI967/970）。

含有任何形式锂元素的电池芯和电池、安装在设备中的电池芯和电池或与设备包装在一起的电池芯和电池，必须恰当地划归为 UN3090、UN3091、UN3480 或 UN3481 条目。

二、锂电池货物的包装说明

（1）PI965：适用于 UN3480 仅限货机运输的锂离子或锂聚合物电池芯和电池。

（2）PI966：适用于 UN3481 客机和仅限货机运输的与设备包装在一起的锂离子或锂聚合物电池芯和电池。

（3）PI967：适用于 UN3481 客机和仅限货机运输的安装在设备中的锂离子或锂聚合物电池芯和电池。

（4）PI968：适用于 UN3090 仅限货机运输的锂金属或锂合金电池芯和电池。

（5）PI969：适用于 UN3091 客机和仅限货机运输的与设备包装在一起的锂金属或锂合金电池芯和电池。

（6）PI970：适用于 UN3091 客机和仅限货机运输的安装在设备中的锂金属或锂合金电池芯和电池。

三、锂电池货物运输规定

锂电池芯和电池以 3 种不同的形式作为货物运输时，在额定能量或锂金属含量、数量、包装、机型，以及标记、标签等方面必须遵守《危险品规则》中的相关限制和要求。

一般情况下，按照《危险品规则》包装说明 PI965/968 第 IA、IB 部分，以及 PI966/967/969/970 第 I 部分运输的锂电池是完全受限的，必须划为第9类且须符合DGR 所有适用的要求。而按照《危险品规则》包装说明 PI965～970 第 II 部分运输的锂电池属于例外情况，很多方面可以不受 DGR 限制。为了方便查询和操作，我们将这些规定总结为图 11-10 和图 11-11。

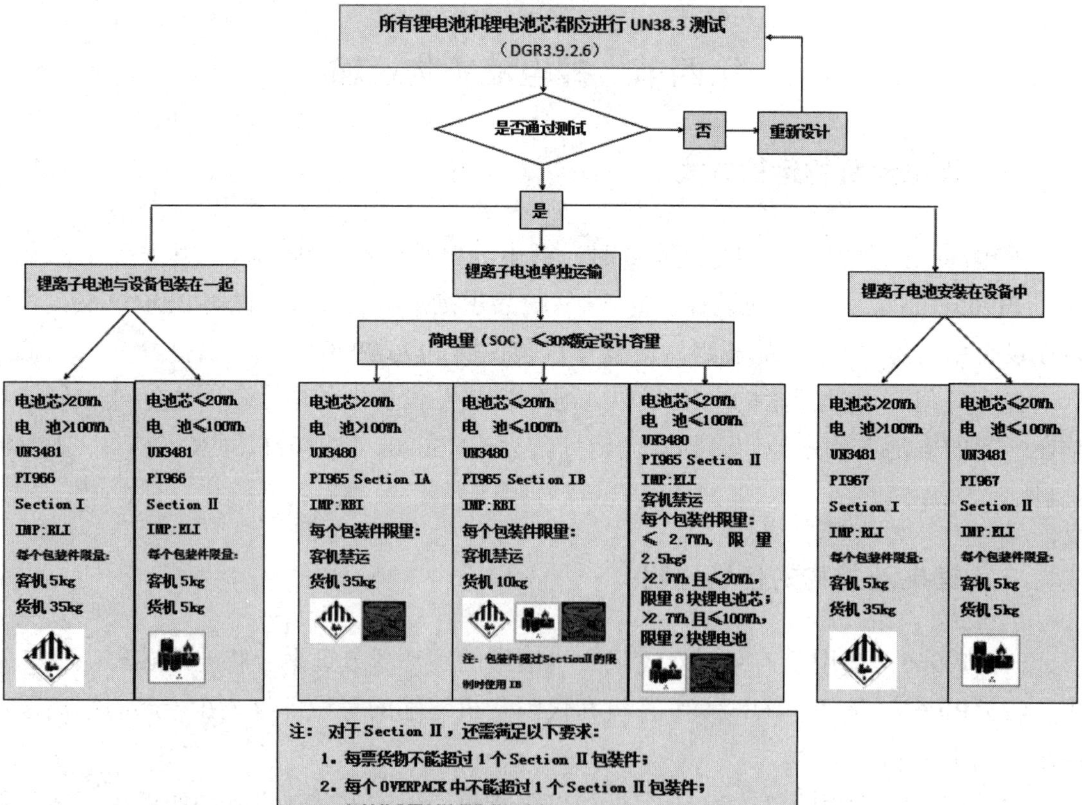

图 11-10 锂离子电池运输规定一览表

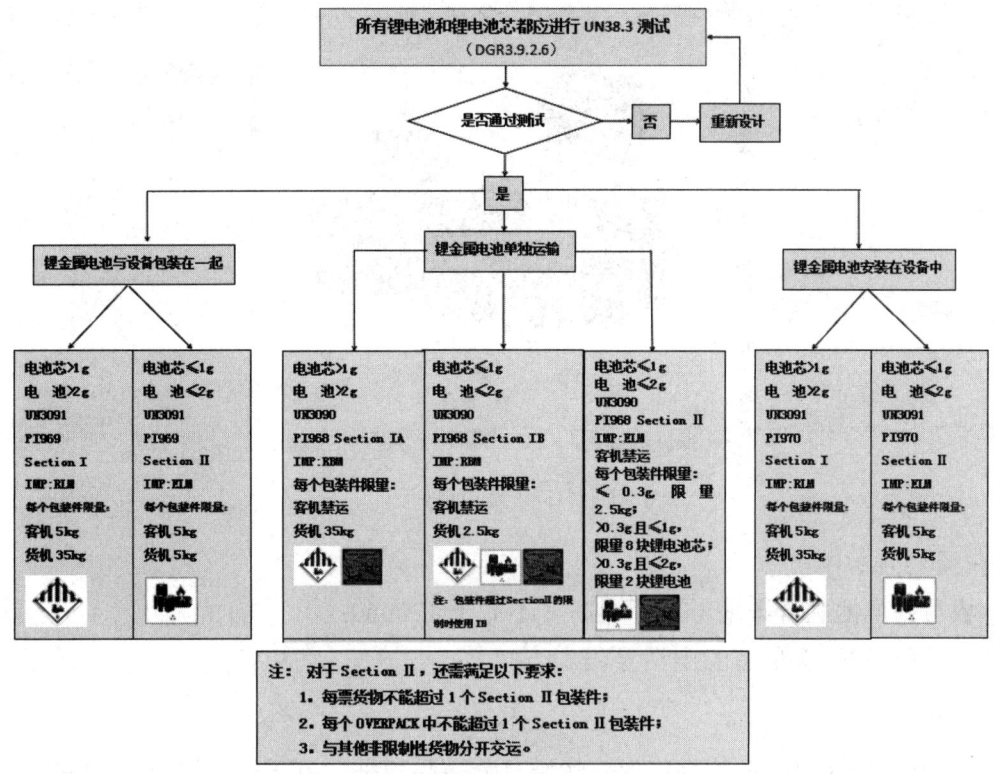

图 11-11　锂金属电池运输规定一览表

除此之外，按照《危险品规则》第五章包装说明 PI966/969 运输的与设备包装在一起的锂电池，每个包装件内电池芯或电池的数量不得超过为驱动设备所需的电池数量，外加两个备用电池。

四、锂电池货物的标记与标签

1. 标记

（1）基本标记：运输中完全受限的锂电池货物须标出 UN 编号、PSN、托运人和收货人全称和地址、净重（如适用）和"OVERPACK"（如适用）。

（2）锂电池标记：符合《危险品规则》第五章包装说明 PI965/968 第 IB 部分，以及《危险品规则》第五章 PI965～970 第 II 部分的含有锂电池芯或电池的包装件，必须标注与包装说明相应的锂电池标记。

符合《危险品规则》第五章包装说明 PI967/970 第 II 部分要求，包装件内仅含有安装在设备（包括线路板）中的纽扣电池，或单个包装件中不超过 4 个电池芯或 2 个电池安装在设备中，且每票货物包含两个或以下锂电池标记包装件（如图 11-12 所示），无须标注锂电池标记。

179

图 11-12　锂电池标记

在图 11-12 中，

*填写锂电池联合国编号（标记高度不低于 12mm）；

**填写获取更多信息的电话号码。

2．标签

（1）第 9 类锂电池危险性标签：按照《危险品规则》第五章包装说明 PI965 第 IA、IB 部分和 968 第 IA、IB 部分，以及《危险品规则》第五章包装说明 PI966/967/969/970 第 I 部分运输的锂电池包装件必须粘贴第 9 类锂电池危险性标签。

（2）仅限货机标签：单独运输的锂离子和（或）锂金属电池包装件必须粘贴仅限货机标签。

锂电池货物在托运前必须由托运人按照 DGR 规定在每个包装件或 OVERPACK 上粘贴所有要求的标记和标签，每个包装件上必须有足够的位置粘贴所需的标记和标签。标记与标签粘贴示例如图 11-13 至图 11-18 所示。

图 11-13　锂电池危险性标签

图 11-14　仅限货机标签

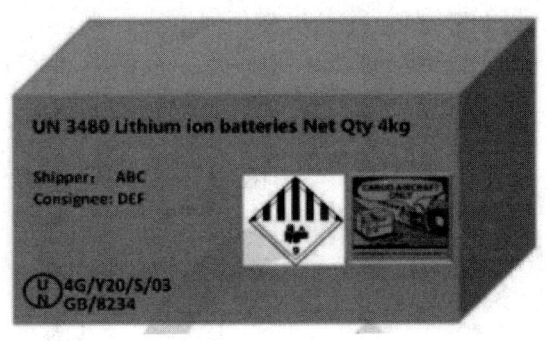

图 11-15　单独运输锂离子电池 PI965 IA-CAO

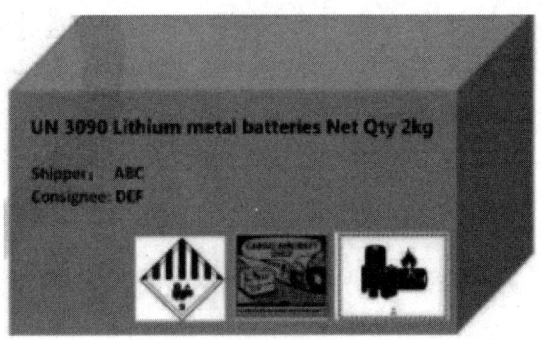

图 11-16　单独运输锂金属电池 PI968 IB-CAO

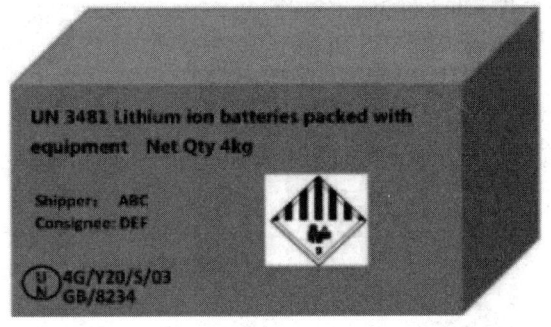

图 11-17　锂离子电池与设备包装在一起 PI966 Ⅰ

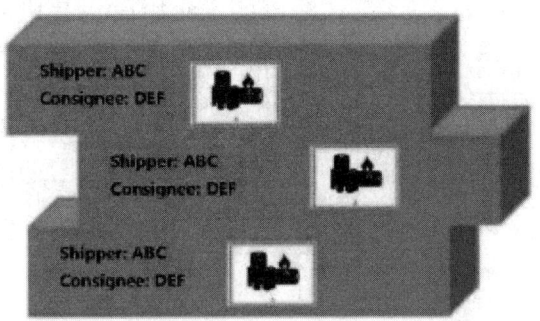

图 11-18　锂金属电池安装在设备中 PI970　Ⅱ

五、锂电池货物的文件要求

按照《危险品规则》第五章包装说明 PI965 第 IA、IB 部分和 968 第 IA、IB 部分，以及 PI966/967/969/970 第 Ⅰ 部分运输的锂离子或锂金属电池芯或电池必须按照《危险品规则》的文件要求填写危险品申报单和航空货运单。收运时还须填写收运检查单，装机前须填写机长通知单。

锂电池申报单填写示例如图 11-19 所示。

符合《危险品规则》第五章包装说明 PI965～970 第 Ⅱ 部分的锂离子或锂金属电池芯或电池不需要填写危险品申报单、收运检查单，以及机长通知单。但必须在航空货运单的"Nature and Quantity of Goods"栏注明："锂金属/锂离子电池符合包装说明***的第 Ⅱ 部分（lithium ion batteries/lithium metal batteries in compliance with section Ⅱ of PI***）"和"CAO"（若适用）。按照第 Ⅱ 部分运输锂电池货运单填写示例如图 11-20 所示。

符合《危险品规则》第五章包装说明 PI967/970 第 Ⅱ 部分要求，包装件仅含有安装在设备（包括线路板）中的纽扣电池，或单个包装件中不超过 4 个电池芯或 2 个电池安装在设备中，且每票货物包含两个或以下此类包装件，无须在货运单中声明。

按照 Section IA 进行运输的锂电池申报单

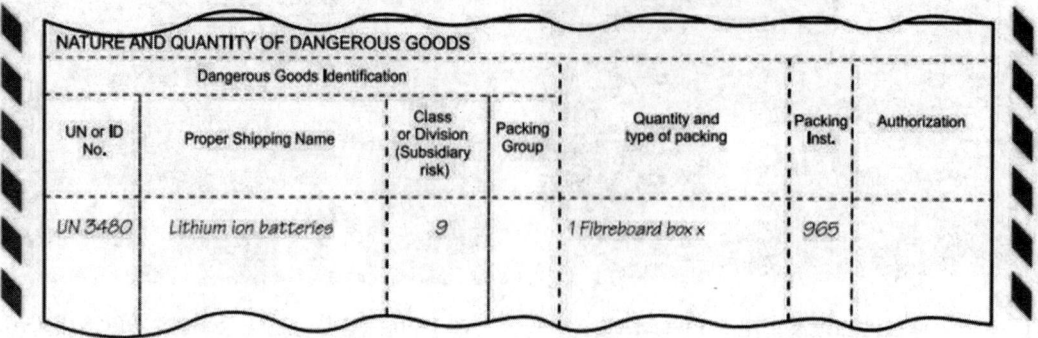

按照 Section IB 进行运输的锂电池申报单

图 11-19 锂电池申报单填写示例

按照 Section II 进行运输的锂离子电池航空货运单

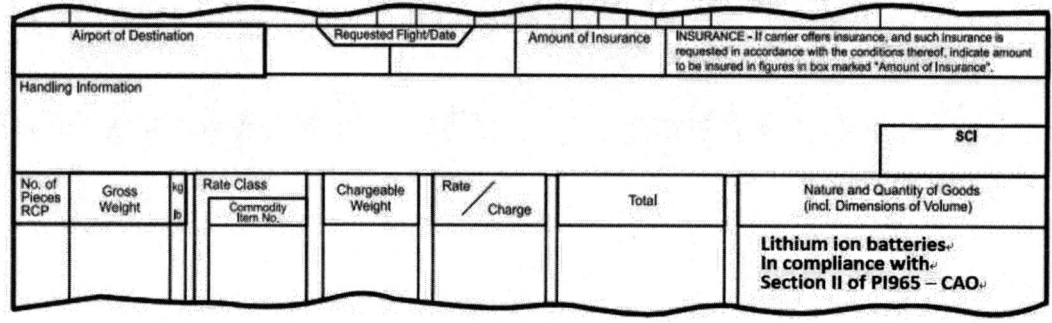

图 11-20 按照第 II 部分运输锂电池货运单填写示例

六、锂电池货物的隔离要求

根据 2018 年 59 版 DGR 最新规定，锂电池货物须与其他危险品货物隔离运输，具体要求如下。

锂离子电池（UN 3480, PI965 Section IA or IB）和锂金属电池（UN 3090, PI968 Section IA or IB）不得与第 1 类爆炸品（除《危险品规则》中 1.4S 外）、《危险品规则》中 2.1 项易燃气体、第 3 类易燃液体、《危险品规则》中 4.1 项易燃固体或 5.1 项氧化性物质装入同一个外包装。且不允许上述锂电池包装件与第 1 类（除《危险品规则》中

1.4S 外）、《危险品规则》中 2.1 项、第 3 类、《危险品规则》中 4.1 项或 5.1 项危险品的包装件放入同一个 OVERPACK。

含锂离子电池（UN 3480, PI965 Section IA or IB）的包装件及 OVERPACK，以及含锂金属电池（UN 3090, PI968 Section IA or IB）的包装件和 OVERPACK，在装机时均不得与贴有第 1 类（《危险品规则》中除 1.4S 外）、《危险品规则》中 2.1 项、第 3 类、《危险品规则》中 4.1 项、《危险品规则》中 5.1 项危险性标签的包装件及 OVERPACK 装载在相邻位置，也不得装载在发生泄漏、着火等情况时可能造成相互反应的区域。装载时必须按照危险品隔离规定在包装件及 OVERPACK 间保持适当的距离。

符合《危险品规则》第五章包装说明 PI965 和 PI968 第 II 部分要求的锂电池芯和锂电池货物则禁止与其他危险品装入同一个外包装。

本 章 小 结

本章分别介绍了锂电池基础知识、行李中锂电池的运输规定、锂电池机上应急处置，以及锂电池货物运输规定。不同专业或岗位的人员可根据专业特点及岗位要求选择相应的侧重点进行针对性学习。锂电池空运是当前民航业非常关注的一个问题，但通过全球各航空公司长期的运输经验可以看出，无论是行李还是货物，只要在运输中严格按照规定进行操作和处置，锂电池的空运安全是可以得到保障的。

自 我 检 测

一、不定项选择题

1. 符合《危险品规则》第五章包装说明（　　　）的锂电池仅限货机运输。
   A．PI966　　　　　B．PI965　　　　　C．PI969　　　　　D．PI970

2. 符合《危险品规则》第五章包装说明（　　　）的锂电池必须填写危险品申报单。
   A．PI966 II　　　　B．PI965 IA　　　　C．PI969 I　　　　D．PI970 II

3. 符合《危险品规则》第五章包装说明（　　　）的锂电池必须粘贴第 9 类锂电池危险性标签。
   A．PI965 IA　　　　B．PI965 IB　　　　C．PI968 IA　　　　D．PI968 II

4. 符合《危险品规则》第五章包装说明（　　　）的锂电池必须标注锂电池标记。
   A．PI965 IA　　　　B．PI965 IB　　　　C．PI968 IA　　　　D．PI968 II

二、简答题

1. 按照《危险品规则》第五章包装说明 965 Section IA or IB 运输的锂电池包装件

或 OVERPACK 需粘贴什么标记和标签？

2．按照《危险品规则》第五章包装说明 PI966/967 Section I 运输的锂电池用客机运输需要满足什么条件？

3．按照《危险品规则》第五章包装说明 PI968 Section II 运输的锂电池包装件或 OVERPACK 需粘贴什么标记和标签？

4．按照《危险品规则》第五章包装说明 PI965/968 Section II 运输的锂电池是否需要填写托运人危险品申报单？使用货运单时有哪些要求？

5．按照《危险品规则》第五章 PI969/PI970 Section II 运输的锂电池在使用客机或货机运输时每个包装件的限量分别是多少？

6．某旅客乘机时携带了以下物品，请计算并分析这些物品是否可以带上飞机，如果可以，应该以何种方式携带？需要如何处理才能保证其安全？

a．备用锂电池：3.7V，1500mAh，共 4 块。

b．索尼照相机 1 部，内含锂电池 1 块：14.1V，8800mAh，另有相同的备用电池 1 块。

c．备用锂电池：12V，20Ah，1 块。

附录一 危险品品名表（节选）

UN/ID 编号	运输专用名称	类别或项别	次要危险性	危险性标签	包装等级	客机和货机 限量 包装细则	客机和货机 限量 每个包装件最大净数量	客机和货机 包装细则	客机和货机 每个包装件最大净数量	仅限货机 包装细则	仅限货机 每个包装件最大净数量	特殊规定	应急代码
A	B	C	D	E	F	G	H	I	J	K	L	M	N
0278	**Cartridges,oil well✛**	1.4c		Explosive 1.4	II	Forbidden		Forbidden		134	75kg	A802	1L
2514	**Bromobenzene**	3		Flamm.liquid	III	Y344	10L	355	60L	366	220L		3L
2713	**Acridine**	6.1		Toxic	III	Y645	10kg	670	100kg	677	200kg		6L
1165	**Dioxane**	3		Flamm. liquid	II	Y341	1L	353	5L	364	60L		3L
2052	**Dipentene**	3		Flamm. liquid	III	Y344	10L	355	60L	366	220L		3L
1770	**Diphenylmethyl bromide** Diphenyloxide-4,4'-disulphonyl hydrazide,see **self-reactive solid type D** ★(UN3226)	8		Corrocive	II	Y844	5kg	859	15kg	863	50kg		8L
2790	**Acetic acid solution** Not less than 50% but not more than 80% acid, by weight	8		Corrocive	II	Y809	0.5L	809	1L	813	30L		8L
2383	**Dipropylamine** 4-Dipropylaminobenzenediazonium zinc chloride,see **self-reactive solid type D**★ (UN3226)	3	8	Flamm. Liquid & Corrocive	II	Y340	0.5L	352	1L	363	5L		3C
1114	**Benzene**	3		Flamm. liquid	II	Y341	1L	353	5L	364	60L		3H
1219	**Isopropanol**	3.1		Flamm. liquid	II	Y341	1L	353	5L	364	60L	A180	3L
2284	**Isobutyronitrile**	3	6.1	Flamm. Liquid & Toxic	II	Y341	1L	352	1L	364	60L		3P
3080	**Isocyanate solution,toxic,flammable,n.o.s.★✛**	6.1	3	Toxic & Flamm. liquid	II	Y641	1L	654	5L	662	60L		6F
2015	**Hydrogen peroxide,stabilized** With more than 60% hydrogen peroxide	5.1	8			Forbidden		Forbidden		Forbidden			5C

续表

UN/ID编号	运输专用名称	类别或项别	次要危险性	危险性标签	包装等级	客机和货机 限量 包装细则	客机和货机 限量 每个包装件最大净数量	客机和货机 包装细则	客机和货机 每个包装件最大净数量	仅限货机 包装细则	仅限货机 每个包装件最大净数量	特殊规定	应急代码
1740	**Hydrogendifluorides,solid,n.o.s.**	8		Corrosive	II III	Y844 Y845	5kg 5kg	859 860	15kg 25kg	863 864	50kg 100kg	A3 A803	8L 8L
2448	**Sulphur,molten**	4.1				Forbidden		Forbidden		Forbidden			3L
2322	**Trichlorobutene**	6.1		Toxic	II	Y641	1L	654	5L	662	60L		6L
1057	**Lighter refills** Containing flammable gas	2.1		Flamm. gas		Forbidden		201	1kg	201	15kg	A802	10L
1952	**Ethylene oxide and Carbon dioxide** With more than 9% ethylene oxide	2.2		Non-flamm.gas		Forbidden		200	75kg	200	150kg		2L
1310	**Ammonium picrate, wetted** With not less than 10% water, by weight	4.1		Flamm.solid		Forbidden		451	0.5kg	451	0.5kg	A40	3E
3291	**Biomedical waste,n.o.s** Biphenyl triozonide	6.2		Infectious subst.	II	Forbidden Forbidden		622 Forbidden	No limit	622 Forbidden	No limit	A117	11L
3373	**Biological substance, Category B**	6.2				Forbidden		See650		See650			11L
3291	**Clinical waste,unspecified,n.o.s** Coal briquettes,hot	6.2		Infectious subst.	II	Forbidden		622 Forbidden	No limit	622 Forbidden	No limit	A117	11L
1023	**Coal gas,compressed+**	2.3	2.1			Forbidden		Forbidden		Forbidden		A2	10P
3016	**Bipyridilium pesticide,liquid,toxic★**	6.1		Toxic	I II III	Forbidden Y641 Y642	1L 2L	652 654 655	1L 5L 60L	658 662 663	30L 60L 220L	A3 A4	6L 6L 6L
3480	**Lithium ion batteries+** (including lithium polymer batteries)	9		Miscellaneous		Forbidden		See 965		See 965		A88 A99 A154 A164 A183	9F
2807	**Magnetized material+**	9		Magnetized material		Forbidden		953	No limit	953	No limit		9M
2210	**Maneb**	4.2	4.3	Spomt.comb. & Dang.when wet	III	Forbidden		468	25kg	471	100kg	A30 A803	4SW

续表

UN/ID 编号	运输专用名称	类别或项别	次要危险性	危险性标签	包装等级	客机和货机				仅限货机		特殊规定	应急代码
						限量		包装细则	每个包装件最大净数量	包装细则	每个包装件最大净数量		
						包装细则	每个包装件最大净数量						
2722	**Lithium nitrate**	5.1		Oxidizer	III	Y546	10kg	559	25kg	563	100kg	A803	5L
1365	**Cotton,wet**	4.2				Forbidden		Forbidden		Forbidden		A2	4L
1845	**Dry ice ✛** Dye and dye intermediate,n.o.s.,flammable liquid,n.o.s.,see **Flammable liquid,n.o.s** ★(UN1993)	9		Miscellaneous		Forbidden		954	200kg	954	200kg	A48 A151 A805	9L
1950	**Aerosols,flammable**	2.1		Flamm.gas		Y203	30kg G	203	75kg	203	150kg	A145 A167 A802	10L
8000	**Consumer commodity✛** Containers,empty or re-used,not containing dangerous goods residue	9		Miscellaneous		Y963 / Not Restricted	30kg G	Y963 / Not Restricted	30kg G	Y963 / Not Restricted	30kg G	A112	9L

附录二 《危险品规则》中的包装说明

《危险品规则》第五章包装说明 PI353

国家差异：BEG－03

经营人差异：AM－03，CX－02，FX－17，IR－06，JJ－07，KA－02，KZ－07，LD－02，LY－04

本说明适用于客机运输的包装等级为 II 级无次要危险的易燃液体。

必须满足 5.0.2 的一般包装要求。

相容性要求：

· 物质必须按 5.0.2.6 的要求与它们的包装相容。

封口要求：

· 封口必须满足 5.0.2.7 的要求；

不允许单一包装。

组合包装		
内包装（见 6.1）	每个内包装的净数量	每个包装件的总净数量
玻璃	1.0L	5.0L
金属	5.0L	
塑料	5.0L	

外包装

类型	桶						方形桶			箱							
名称	钢	铝	胶合板	纤维	塑料	其他金属	钢	铝	塑料	钢	铝	木材	胶合板	合成木材	纤维板	塑料	其他金属
规格	1A1 1A2	1B1 1B2	1D	1G	1H1 1H2	1N1 1N2	3A1 3A2	3B1 3B2	3H1 3H2	4A	4B	4C1 4C2	4D	4F	4G	4H1 4H2	4N

《危险品规则》第五章包装说明 PI446

国家差异：USG－04

经营人差异：5X－02，AA－01，AM－04，AS－02，BW－01，FX－02，KZ－07，LY－04，US－01，UX－05

本说明适用于客机运输的包装等级为 III 级易燃固体。

必须满足 5.0.2 的一般包装要求。

相容性要求：

• 物质必须按 5.0.2.6 的要求与它们的包装相容；

• 金属包装必须耐腐蚀或具有对第 8 类次要危险物质的防腐蚀措施。

封口要求：

• 封口必须满足 5.0.2.7 的要求；

附加包装要求：

• 包装必须满足 II 级包装性能标准。

不允许单一包装。

组合包装		
内包装（见 6.1）	每个内包装的净数量	每个包装件的总净数量
玻璃	5.0kg	25.0kg
金属	10.0kg	
塑料	10.0kg	
塑料袋	5.0kg	

外包装

类型	桶						方形桶			箱							
名称	钢	铝	胶合板	纤维	塑料	其他金属	钢	铝	塑料	钢	铝	木材	胶合板	合成木材	纤维板	塑料	其他金属
规格	1A1 1A2	1B1 1B2	1D	1G	1H1 1H2	1N1 1N2	3A1 3A2	3B1 3B2	3H1 3H2	4A	4B	4C1 4C2	4D	4F	4G	4H1 4H2	4N

附录三　《危险品规则》中的特殊规定

A1　该物品或物质只有预先得到始发国及经营人国有关部门的批准，并按照该有关部门制定的书面条件才可以用客机运输。批准文件包括数量限制和包装要求，且必须有一份伴随货物运输。该物品或物质可以按照《危险品规则》4.2 危险品品名表的 K 栏和 L 栏的要求用货机运输。如始发国及经营人国以外的其他国家在其国家差异中规定按本特殊规定运输的危险品必须事先得到其同意，则必须取得这些国家的批准。

注：当特殊规定 A1 适用于《危险品规则》4.2 中的一个条目，并在页面左边的空白处印有"手"型"☞"标志时，则这些条目在得到批准并事先与经营人做好安排的情况下，可以装在货机上运输。

A2　该物品或物质只有预先得到始发国及经营人国有关部门的批准，并按照该有关部门制定的书面条件才可以用货机运输。如始发国及经营人国以外的其他国家在其国家差异中规定按本特殊规定运输的危险品必须事先得到其同意，则必须视情况从运输中转国、飞越国、目的国获得批准。在每种情况下，批准的文件包括数量限制、包装要求，必须有一份伴随货物运输。

A3　某物质的化学或物理性质如果在测试时不符合危险品品名表 C 栏列出的类别、项别或其他任何类别、项别的定义标准，则该物质不受《危险品规则》限制。

A40　该物质可按照 4.1 项的规定运输的唯一条件是在整个运输过程中，包装内稀释剂的百分比不会降低到所要求的标准以下。

A181　如果包装件既含有装在设备中的锂电池，也含有与设备包装在一起的锂电池，则包装件必须根据情况，标明 UN 3091 Lithium metal batteries packed with equipment（与设备包装在一起的锂金属电池）或 UN 3481 Lithium ion batteries packed with equipment（与设备包装在一起的锂离子电池）。如果包装件既含有锂金属电池，也含有锂离子电池，则包装件必须根据要求标明这两种电池类型。但是不需考虑装在设备中（包括线路板在内）的纽扣式电池。

A182　仅含有锂电池的设备必须划为 UN3091 或 UN3481。

△A802　尽管危险品品名表 E 栏无包装等级，此条目所列物质或物品必须包装在符合包装等级 II 级的联合国规格包装容器中。此规定不适用于按有限数量规定运输的

气溶胶。

注：不管危险品品名表显示的和用在填制托运人申报单上的包装等级，要求选择上述性能标准高的包装等级。

△A803 尽管 E 栏包装等级为Ⅲ级，此条目所列物质必须包装在符合包装等级Ⅱ级的联合国规格包装容器中。此规定不适用于按有限数量规定运输的气溶胶。

注：不管危险品品名表显示的和用在填制托运人申报单上的包装等级，要求选择上述性能标准高的包装等级。

附录四　危险品收运检查单

2013
DANGEROUS GOODS CHECKLIST FOR A NON-RADIOACTIVE SHIPMENT

The recommended checklist appearing on the following pages is intended to verify shipments at origin.

Never accept or refuse a shipment before all items have been checked.

Is the following information correct for each entry?

SHIPPERS DECLARATION FOR DANGEROUS GOODS (DGD)

	YES	NO*	N/A
1. Two copies in English and in the IATA format including the air certification statement [8.1.1, 8.1.2, 8.1.6.12]	☐	☐	
2. Full name and address of Shipper and Consignee [8.1.6.1, 8.1.6.2]	☐	☐	
3. If the Air Waybill number is not shown, enter it. [8.1.6.3]	☐		
4. The number of pages shown [8.1.6.4]	☐	☐	
5. The non-applicable Aircraft Type Deleted or not shown [8.1.6.5]	☐	☐	
6. If full name of Airport or City of Departure or Destination is not shown, enter it. [8.1.6.6 and 8.1.6.7] Information is optional	☐		☐
7. The word "Radioactive" deleted or not shown [8.1.6.8]	☐	☐	

Identification

	YES	NO*	N/A
8. UN or ID Number, preceded by prefix [8.1.6.9.1, Step 1]	☐	☐	
9. Proper Shipping Name and the technical name in brackets for asterisked entries [8.1.6.9.1, Step 2]	☐	☐	
10. Class or Division, and for Class 1, the Compatibility Group, [8.1.6.9.1, Step 3]	☐	☐	
11. Subsidiary Risk, in parentheses, immediately following Class or Division [8.1.6.9.1, Step 4]	☐	☐	☐
12. Packing Group [8.1.6.9.1, Step 5]	☐	☐	☐

Quantity and Type of Packing

	YES	NO*	N/A
13. Number and Type of Packages [8.1.6.9.2, Step 6]	☐	☐	
14. Quantity and unit of measure (net, or gross followed by "G", as applicable) within per package limit [8.1.6.9.2, Step 6]	☐	☐	
15. When different dangerous goods are packed in one outer packaging, the following rules are complied with:			
– Compatible according to Table 9.3.A.	☐	☐	☐
– UN packages containing Division 6.2 [5.0.2.11(c)]	☐	☐	☐
– "All packed in one (type of packaging)" [8.1.6.9.2, Step 6(f)]	☐	☐	☐
– Calculation of "Q" value must not exceed 1 [5.0.2.11 (g) & (h); 2.7.5.6; 8.1.6.9.2, Step 6(g)]	☐	☐	☐
16. Overpack			
– Compatible according to Table 9.3.A. [5.0.1.5.1 and 5.0.1.5.3]	☐	☐	☐
– Wording "Overpack Used" [8.1.6.9.2, Step 7]	☐	☐	☐

Packing Instructions

	YES	NO*	N/A
17. Packing Instruction Number [8.1.6.9.3, Step 8]	☐	☐	

Authorizations

	YES	NO*	N/A
18. Check all verifiable special provisions. The Special Provision Number if A1, A2, A51, A81, A88, A99 or A130 [8.1.6.9.4, Step 9]	☐	☐	☐
19. Indication that governmental authorization is attached, including a copy in English and additional approvals for other items under [8.1.6.9.4, Step 9]	☐	☐	☐

Additional Handling Information

	YES	NO*	N/A
20. The mandatory statement shown for self-reactive and related substances of Division 4.1 and organic peroxides of Division 5.2, or samples thereof, for PBE and for fireworks [8.1.6.11.1, 8.1.6.11.2, 8.1.6.11.3 and 8.1.6.11.5]	☐	☐	☐
21. Name and Telephone Number of a responsible person for Division 6.2 Infectious Substance shipment [8.1.6.11.4]	☐	☐	☐
22. **Name and Title (or Department) of Signatory, Place and Date** indicated and **Signature** of Shipper [8.1.6.13, 8.1.6.14 and 8.1.6.15]	☐	☐	
23. **Amendment** or alteration signed by Shipper [8.1.2.6]	☐	☐	☐

| | YES | NO* | N/A |

AIR WAYBILL–HANDLING INFORMATION

24. The statement: "Dangerous goods as per attached Shipper's Declaration" or "Dangerous Goods as per attached DGD" [8.2.1(a)] ....
25. "Cargo Aircraft Only" or "CAO", if applicable [8.2.1(b)] ....
26. Where non-dangerous goods are included, the number of pieces of dangerous goods shown [8.2.2] ...

PACKAGE(S) AND OVERPACKS

27. Packaging conforms with packing instruction and is free from damage or leakage [The relevant PI and 9.1.3] ....
28. Same number and type of packagings and overpacks delivered as shown on DGD [9.1.3] ....

Markings

29. UN Specification Packaging, marked according to 6.0.4 and 6.0.5:
    – Symbol and Specification Code ....
    – X, Y or Z meets or exceeds Packing Group/Packing Instruction requirements ....
    – Gross Weight within limits (Solids, Inner Packagings or IBCs [SP A179]) ....
    – Infectious substance package marking [6.5.3.1] ....
30. The UN or ID number(s) [7.1.5.1(a)] ....
31. The Proper Shipping Name(s) including technical name where required [7.1.5.1(a)] ....
32. The full name(s) and Address(es) of Shipper and Consignee [7.1.5.1(b)] ....
33. For consignments of more than one package of all classes (except ID 8000 and Class 7) the net quantity, or gross weight followed by "G", as applicable, unless contents are identical, marked on the packages [7.1.5.1(c)] ....
34. Carbon Dioxide, Solid (Dry Ice), the net quantity marked on the packages [7.1.5.1(d)] ....
35. The Name and Telephone Number of a responsible person for Division 6.2 Infectious Substances shipment [7.1.5.1(e)] ....
36. The Special Marking requirements shown for Packing Instruction 202 [7.1.5.1(f)] ....
37. Limited Quantities mark [7.1.5.3] ....
38. The Environmentally Hazardous Substance Mark [7.1.6.3] ....

Labelling

39. The label(s) identifying the Primary risk as per 4.2, Column D [7.2.3.2; 7.2.3.3(b)] ....
40. The label(s) identifying the Subsidiary risk, as per 4.2, Column D [7.2.3.2; 7.2.6.2.3] ....
41. Cargo Aircraft Only label [7.2.4.2; 7.2.6.3] ....
42. "Orientation" labels on two opposite sides, if applicable [7.2.4.4] ....
43. "Cryogenic Liquid" labels, if applicable [7.2.4.3] ....
44. "Keep Away From Heat" label, if applicable [7.2.4.5] ....
45. All required labels are displayed correctly [7.2.6] and all irrelevant marks and labels removed or obliterated [7.1.1; 7.2.1] ....

For Overpacks

46. Packaging Use markings and hazard and handling labels, as required must be clearly visible or reproduced on the outside of the overpack [7.1.4.1, 7.2.7] ....
47. The word "Overpack" marked if markings and labels are not visible [7.1.4.1] ....
48. If more than one overpack is used, identification marks shown and total quantity of dangerous goods [7.1.4.2] ....
49. "Cargo Aircraft Only" restrictions [5.0.1.5.3] ....

GENERAL

50. State and Operator variations complied with [2.8] ....
51. Cargo Aircraft Only shipments, a cargo aircraft operates on all sectors ....

Comments:

Checked by:

Place:　　　　　　　　　　　　　Signature:

Date:　　　　　　　　　　　　　Time:

* IF ANY BOX IS CHECKED "NO", DO NOT ACCEPT THE SHIPMENT AND GIVE A DUPLICATE COPY OF THIS COMPLETED FORM TO THE SHIPPER.

2013
DANGEROUS GOODS CHECKLIST FOR A RADIOACTIVE SHIPMENT

The recommended checklist appearing on the following pages is intended to verify shipments at origin.

Never accept or refuse a shipment before all items have been checked.

Is the following information correct for each entry?

SHIPPERS DECLARATION FOR DANGEROUS GOODS (DGD)

	YES	NO*	N/A
1. Two copies in English and in the IATA format including the air certification statement [10.8.1.2; 10.8.1.4, 8.1.1 and 10.8.3.12.2]	☐	☐	
2. Full name and address of Shipper and Consignee [[10.8.3.1, 10.8.3.2]	☐	☐	
3. If the Air Waybill number is not shown, enter it. [10.8.3.3]	☐		
4. The number of pages shown [10.8.3.4]	☐	☐	
5. The non-applicable Aircraft Type deleted [10.8.3.5]	☐	☐	
6. If full name of Airport or City of Departure or Destination is not shown, enter it. [10.8.3.6 and 10.8.3.7] Information is optional	☐		☐
7. The word "Non-Radioactive" deleted [10.8.3.8]	☐	☐	

Identification

8. UN Number, preceded by prefix "UN" [10.8.3.9.1, Step 1]	☐	☐	
9. Proper Shipping Name [10.8.3.9.1, Step 2]	☐	☐	
10. Class 7 [10.8.3.9.1, Step 3]	☐	☐	
11. Subsidiary Risk, in parentheses, immediately following Class [10.8.3.9.1, Step 4] and Packing Group if required for Subsidiary Risk [10.8.3.9.1, Step 5]	☐	☐	☐

Quantity and Type of Packing

12. Name or Symbol of Radionuclide(s) [10.8.3.9.2, Step 6 (a)]	☐	☐	
13. A description of the physical and chemical form if in other form [10.8.3.9.2, Step 6 (b)]	☐	☐	☐
14. "Special Form" (not required for UN 3332 or UN 3333) or low dispersible material [10.8.3.9.2, Step 6 (b)]	☐	☐	☐
15. The number and type of packages and the activity in becquerel or multiples thereof in each package. For Fissile Material the total weight in grams or kilograms of fissile material may be shown in place of activity [10.8.3.9.2, Step 7]	☐	☐	
16. For different individual radionuclides, the activity of each radionuclide and the words "All packed in one" [10.8.3.9.2, Step 7]	☐	☐	☐
17. Activity within limits for Type A packages [Table 10.3.A], Type B, or Type C (see attached competent authority certificate)	☐	☐	☐
18. Words "Overpack Used" shown on the DGD [10.8.3.9.2, Step 8]	☐	☐	☐

Packing Instructions

19. Category of package(s) or overpack [10.8.3.9.3, Step 9 and Table 10.5.C]	☐	☐	
20. Transport Index and dimensions (Length x Width x Height) for Category II and Category III only [10.8.3.9.3, Step 9]	☐	☐	☐
21. For Fissile Material the Criticality Safety Index or the words "Fissile Excepted" [10.8.3.9.3, Step 9]	☐	☐	☐

Authorizations

22. Identification marks shown and a copy of the document in English attached to DGD for the following [10.8.3.9.4, Step 10; 10.5.7.2.2]:			
– Special Form approval certificate	☐	☐	☐
– Low dispersible material approval certificate	☐	☐	☐
– Type B package design approval certificate	☐	☐	☐
– Other approval certificates as required	☐	☐	☐
23. **Additional Handling Information** [10.8.3.11]	☐	☐	☐
24. **Name and Title (or Department) of Signatory, Place and Date** indicated [10.8.3.13 and 10.8.3.14] and **Signature** of Shipper [10.8.3.15]	☐	☐	
25. **Amendment** or alteration signed by Shipper [10.8.1.7]	☐	☐	☐

	YES	NO*	N/A

AIR WAYBILL–HANDLING INFORMATION

26. The statement: "Dangerous goods as per attached Shipper's Declaration" or "Dangerous Goods as per attached DGD" [10.8.8.1(a)] .... ☐ ☐

27. Cargo Aircraft Only or CAO, if applicable [10.8.8.1(b)] .... ☐ ☐ ☐

28. Where non-dangerous goods are included, the number of pieces of dangerous goods shown [10.8.8.2] .... ☐ ☐ ☐

PACKAGE(S) AND OVERPACKS

29. Same number and type of packagings and overpacks delivered as shown on DGD .... ☐ ☐

30. Unbroken transportation seal [10.6.2.4.1.2] and package in proper condition for carriage [9.1.3; 9.1.4] .... ☐ ☐

Markings

31. The UN Number [10.7.1.3.1] .... ☐ ☐

32. The Proper Shipping Name [10.7.1.3.1] .... ☐ ☐

33. The full Name and Address of the Shipper and Consignee [10.7.1.3.1] .... ☐ ☐

34. The permissible gross weight if it exceeds 50 kg [10.7.1.3.1] .... ☐ ☐ ☐

35. Type A packages, marked as per 10.7.1.3.4 .... ☐ ☐ ☐

36. Type B packages, marked as per 10.7.1.3.5 .... ☐ ☐ ☐

37. Type C packages, Industrial Packages and packages containing Fissile material marked as per 10.7.1.3.6, 10.7.1.3.3 or 10.7.1.3.7 .... ☐ ☐ ☐

Labelling

38. Two correctly completed Radioactive Hazard labels on opposite sides [10.7.3.3; 10.7.4.3.1] .... ☐ ☐

39. Applicable label(s) identifying the Subsidiary [10.7.3.2; 10.7.4.3] .... ☐ ☐ ☐

40. Two Cargo Aircraft Only labels, if required, on the same surface near the Hazard labels [10.7.4.2.4; 10.7.4.3.1; 10.7.4.4.1] .... ☐ ☐ ☐

41. For fissile materials, two correctly completed Criticality Safety Index (CSI) labels on the same surface as the hazard labels [10.7.3.3.4; 10.7.4.3.1] .... ☐ ☐ ☐

42. All displayed labels correctly located, affixed, and irrelevant marks and labels removed or obliterated [10.7.1.1; 10.7.2.1; 10.7.4] .... ☐ ☐

For Overpacks

43. Packaging markings as required must be clearly visible or reproduced on the outside of the overpack [10.7.1.4.1] .... ☐ ☐ ☐

44. If more than one overpack is used, identification marks shown [10.7.1.4.2] .... ☐ ☐ ☐

45. Hazard labels reflect total for overpack [10.7.3.4] .... ☐ ☐ ☐

GENERAL

46. State and Operator variations complied with [2.8] .... ☐ ☐ ☐

47. Cargo Aircraft Only shipments, a cargo aircraft operates on all sectors .... ☐ ☐ ☐

48. Packages containing Carbon dioxide solid (dry ice), the marking, labelling and documentary requirements complied with [Packing Instruction 954; 7.1.5.1 (d); 7.2.3.9] .... ☐ ☐ ☐

Comments: _____

_____

Checked by: _____

Place: _____ Signature: _____

Date: _____ Time: _____

* IF ANY BOX IS CHECKED "NO", DO NOT ACCEPT THE SHIPMENT AND GIVE A DUPLICATE COPY OF THIS COMPLETED FORM TO THE SHIPPER.

2013
ACCEPTANCE CHECKLIST FOR DRY ICE (Carbon Dioxide, solid)
(For use when a Shipper's Declaration
for Dangerous Goods is not required)

A checklist is required for all shipments of dangerous goods (9.1.4) to enable proper acceptance checks to be made. The following example checklist is provided to assist shippers and carriers with the acceptance of dry ice when packaged on its own or with non-dangerous goods.

Is the following information correct for each entry?

DOCUMENTATION

YES NO* N/A

The Air Waybill contains the following information in the "Nature and Quantity of Goods" box (8.2.3)
1. The UN Number "1845", preceded by the prefix "UN" .... ☐ ☐
2. The words "Carbon dioxide, solid" or "Dry ice" .... ☐ ☐
3. The number of packages of dry ice (may be in the pieces field of the AWB when they are the only packages in the consignment) .... ☐ ☐
4. The net quantity of dry ice in kilograms .... ☐ ☐

Note: The packing instruction "954" is optional.

Quantity
5. The quantity of dry ice per package is 200 kg or less [4.2] .... ☐ ☐

PACKAGES AND OVERPACKS
6. The number of packages containing dry ice delivered as shown on the Air Waybill............. ☐ ☐
7. Packages are free from damage and in a proper condition for carriage .... ☐ ☐
8. The packaging conforms with Packing Instruction 954 and the package is vented to permit the release of gas .... ☐ ☐

Markings & Labels (Packages and Overpacks)
9. The UN number "1845" preceded by prefix "UN" [7.1.5.1(a)] .... ☐ ☐
10. The words "Carbon dioxide, solid" or "Dry ice" [7.1.5.1(a)] .... ☐ ☐
11. Full name and address of the shipper and consignee [7.1.5.1(b)] .... ☐ ☐
12. The net quantity of dry ice within each package [7.1.5.1(d)] .... ☐ ☐
13. Class 9 label affixed [7.2.3.9] .... ☐ ☐
14. Irrelevant marks and labels removed or obliterated [7.1.1(b); 7.2.1(a)] .... ☐ ☐ ☐

Note: The Marking and labelling requirements do not apply to ULDs containing dry ice

State and Operator Variations
15. State and operator variations complied with [2.8] .... ☐ ☐ ☐

Comments:_____

_____

Checked by:_____

Place: _____ Signature:_____

Date: _____ Time:_____

* IF ANY BOX IS CHECKED "NO", DO NOT ACCEPT THE SHIPMENT AND GIVE A DUPLICATE COPY OF THIS COMPLETED FORM TO THE SHIPPER.

参 考 文 献

[1] 马丽珠，吴卫锋．民航危险品货物运输[M]．北京：中国民航出版社，2008．

[2] 白燕．民航危险品运输基础知识[M]．北京：中国民航出版社，2010．

反侵权盗版声明

电子工业出版社依法对本作品享有专有出版权。任何未经权利人书面许可，复制、销售或通过信息网络传播本作品的行为；歪曲、篡改、剽窃本作品的行为，均违反《中华人民共和国著作权法》，其行为人应承担相应的民事责任和行政责任，构成犯罪的，将被依法追究刑事责任。

为了维护市场秩序，保护权利人的合法权益，我社将依法查处和打击侵权盗版的单位和个人。欢迎社会各界人士积极举报侵权盗版行为，本社将奖励举报有功人员，并保证举报人的信息不被泄露。

举报电话：（010）88254396；（010）88258888

传　　真：（010）88254397

E-mail：　dbqq@phei.com.cn

通信地址：北京市万寿路 173 信箱

　　　　　电子工业出版社总编办公室

邮　　编：100036